[日] 日经设计 ———— 编
甘菁菁 ———— 译

设计的细节：

ロングセラー商品のデザインはここが違う！

日本经典设计透析

人 民 邮 电 出 版 社
北 京

图书在版编目（CIP）数据

设计的细节：日本经典设计透析 / 日本日经设计编；甘菁菁译. -- 北京：人民邮电出版社，2016.11
ISBN 978-7-115-43450-0

Ⅰ. ①设… Ⅱ. ①日… ②甘… Ⅲ. ①设计学 Ⅳ. ①TB21

中国版本图书馆CIP数据核字（2016）第219906号

内 容 提 要

本书为日本长销商品的设计细节透析，回顾了日本各领域长销商品的注重消费者体验的设计变迁，以详尽的图解形式对比设计的变与不变，从社会背景、消费者习惯变化、专业设计、市场等的视角分析其中的原因，并总结相关设计参考范例，尝试在设计、科技、商业之间寻求更深层的价值与平衡。

◆ 编　　　[日] 日经设计
　译　　　甘菁菁
　责任编辑　武晓宇
　装帧设计　broussaille私制
　责任印制　彭志环

◆ 人民邮电出版社出版发行　　北京市丰台区成寿寺路11号
　邮编　100164　　电子邮件　315@ptpress.com.cn
　网址　https://www.ptpress.com.cn
　涿州市般润文化传播有限公司印刷

◆ 开本：880×1230　1/32
　印张：5.75　　　　2016年11月第1版
　字数：179千字　　　2024年11月河北第20次印刷

著作权合同登记号　图字：01-2015-4668号

定价：59.00元

读者服务热线：(010)84084456-6009　印装质量热线：(010)81055316

反盗版热线：(010)81055315

广告经营许可证：京东市监广登字20170147号

前言

如今市场上各种新产品层出不穷，但是真正能满足消费者需求、战胜竞争对手，还能紧跟时代潮流的长期畅销品却只是其中的一小部分。

产品能够长期畅销自然有其秘诀。除了产品品质外，展现产品特征的设计也是不可忽视的因素。希望本书能为各公司在设计产品时提供一些参考。

第 1 篇是“长期畅销品设计中的秘密”，共列举了 17 种畅销产品。我们追溯这些产品设计变迁的历史，详细介绍产品在何时、因何种原因、进行了哪些设计上的变化。本篇的重点在“不变流行”上。“不变流行”中“不变”指的是跨越时代仍保持不变的设计的本质核心，而“流行”指的是顺应时代变化不断创新的设计部分。其实不断求新、不断变革的流行正是不变的本质。

“不变流行”是长期畅销品的设计中必不可少的要素。有了这两者就可以长期把握消费者心理，帮助产品在市场竞争中占有一席之地。本书将各产品设计中不变的要素命名为“不变的设计”，流行的要素命名为“改变的设计”。

第 2 篇“目标，长期畅销品”中我们列举了近期的热门商品，以及话题商品包装升级的案例。由于这些商品面临的问题不同，所以我们将它们设计升级的成果分为“短期”“中期”“长期”“再出发”四个部分进行分析。

“短期”升级产品设计的目的在于短时间内提高产品销量；“中期”旨在瞄准长期畅销品，积蓄品牌实力；“长期”的目的是如何保持长期畅销品的活力；“再出发”部分讲述的则是产品如何再次重返市场。四个部分都详细介绍了每个产品所处的背景环境、目标以及设计升级的具体内容。

希望我们对商品设计的总结能为从事设计、产品策划、市场销售的诸位提供些许借鉴。

目录

第2篇　目标，长期畅销品——人气商品设计升级的秘密

●参考杂志日期

第1篇

宝矿力水特	2012年10月号
Bireley's	2013年7月号
可尔必思	2012年9月号
お~いお茶	2012年11月号
Joie	2013年5月号
Bisco	2013年10月号
明治保加利亚式酸奶	2013年2月号
梦咖喱	2013年6月号
加纳牛奶巧克力	2012年7月号
Clorets(嘉绿仙)口香糖	2013年9月号
热香饼蛋糕粉	2012年8月号
洁霸	2012年6月号
惠润	2013年3月号
牛牌香皂 红盒	2013年8月号
G·U·M	2013年11月号
Saran保鲜膜	2013年1月号
柔和七星	2012年12月号

第2篇 2013年4月号

本书由《日经设计》杂志2012年6月到2013年11月"长期畅销品的秘密"专栏中的内容以及2013年4月特辑"设计升级的奥义"中的内容重新编辑而成(具体请参考上文信息)。本书中出现的商品设计、价格、组织名、职务等都是相关产品刊登在杂志上时的信息。

第 1 篇

长期畅销品设计中的秘密——长寿商品的设计变迁

宝矿力水特 / 大冢制药

不变的思想　不变的设计

改变的设计

包装瓶形状

产品包装瓶的形状和大小随时代和生活方式的变化不断发生变动。近年来包装瓶的设计朝着轻巧、环保的方向发展

不变

不变的设计

瓶贴图案

宝矿力水特的产品理念是“宝矿力水特的水分吸收速度快于普通饮用水”，基于此理念设计的瓶贴图案至今从未改变

诞生	1980 年
设计者	赫尔穆特・施密特 Nippon International Agency（NIA）
特点	“补充因出汗流失的水分和电解质”的清凉型饮料。作为一款长期畅销品，宝矿力水特的口味和成分自面世以来一直没有改变，瓶贴图案的设计也几乎没有任何改动

重视顾客的饮用感受

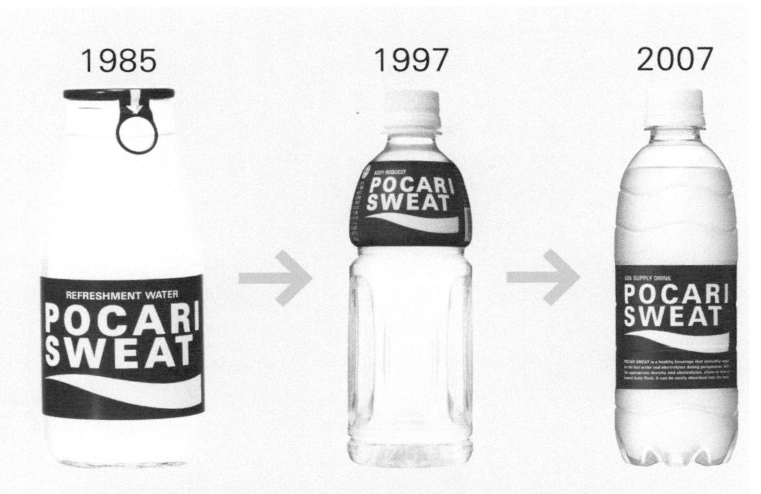

虽然宝矿力水特的瓶贴图案几十年间没有过改动，但为了保持品牌的新鲜感，设计人员仍会根据消费者的饮用习惯和社会环境的变化改良包装。宝矿力水特公司采用“利用科学依据”的销售方法，发布研究成果证明产品能够预防经济舱综合征①和沐浴后的脱水症状，有力地促进了产品的销售

几乎未变的瓶贴图案

蓝色背景和白色的波浪代表宝矿力水特和普通淡水的补水速度对比差。产品销售初期，因为市场上没有蓝色包装的饮料，所以有顾客嘲笑它的包装像“油桶”。产品面世后中途曾改变过片假名字体的设计元素，但自此之后瓶贴的颜色和字体等基本设计元素就再也没有发生过变化

① 一般经济舱的座位非常狭小，很容易造成血栓，进而引发呼吸困难，此现象被称为经济舱综合征。

▼商品变迁和宝矿力水特公司大事件

1980	81	82	83	84	85	86	87

第1期　试水期
该时期的目标是明确补水饮料的产品定位

第2期　稳定期
该时期致力于大力宣传产品功能，稳定市场

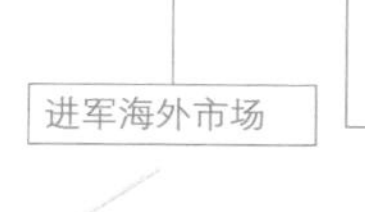
进军海外市场

将245毫升罐装产品价格由120日元调整为100日元

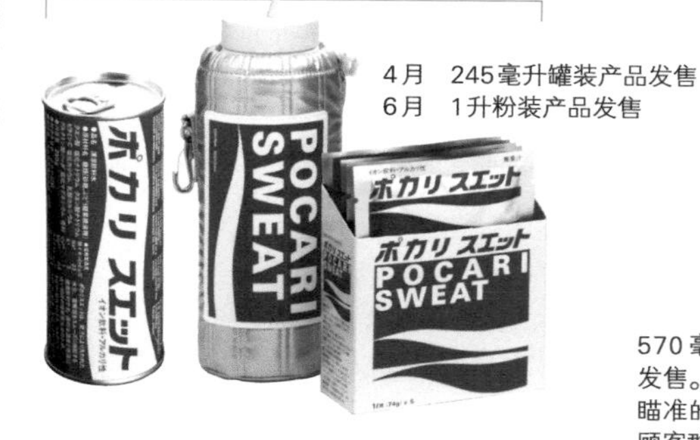

4月　245毫升罐装产品发售
6月　1升粉装产品发售

570毫升瓶装产品发售。大容量产品瞄准的是年轻男性顾客群

▶**商品主打卖点**

碱性离子饮料	补充离子

▶**广告策略**

为打造商品的高端形象，邀请外国艺人担任广告主角	通过线井重里、森高千里等明星在广告中演绎小故事的方式向消费者介绍产品的功能

第3期　转折、发展期

该时期是宝矿力水特的求变期。除了继续宣传功能性饮料的产品形象外，还着力树立产品能够迅速恢复体力的清凉型饮料的新形象

接下页

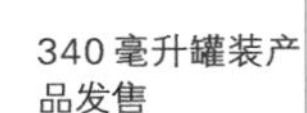

340毫升罐装产品发售

1.5升塑料瓶装产品发售

由易拉盖瓶身变为立体型瓶身

由铝罐瓶身变为铁罐瓶身

以340毫升罐装计算，全球累计销量达100亿罐

恢复体力

广告中启用一色纱英（右照片）、中山亚微梨等新人女演员吸引了年轻消费者的目光，激起消费欲望

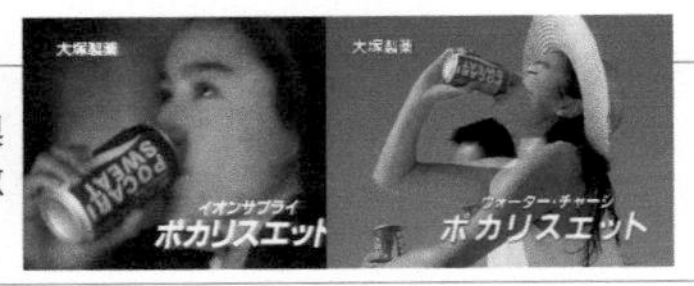

▶完美传达产品形象的广告词

“我的生命之水”“时刻补水”。该时期的广告词着力打造产品的亲民形象

97 98 2000 01 02

第 4 期 形象再建期

随着顾客群体的不断扩大，为了让消费者明白产品是“出汗后喝的饮料”，再次将产品功能作为宣传重点

第 5 期 重新发展期

该时期除了投放大量广告外，还根据消费者的生活和需求特点生产不同容量的产品，并且更注重环保。此外还进行宝矿力水特的产品功能研究，进一步巩固品牌基础

累计销售达200亿罐

500 毫升塑料瓶装产品发售

900 毫升塑料瓶装产品发售。经科学研究证明人体每天要流失 900 毫升水分，根据这一科学数据，宝矿力水特设计了 900 毫升装产品，并在电视广告中详细说明这一研究成果，进一步提升产品价值

4 月 200 毫升塑料瓶装产品发售。设计该容量大小的产品是为了呼吁消费者养成随时补充水分的好习惯。200 毫升的瓶装可以轻松放进女性的手袋。

7 月 2 升塑料瓶装产品发售

缓解身体干渴

继续使用新人演员，并在广告中介绍产品的饮用场合，如沐浴、运动后

“补充沐浴后所需水分和电解质”“宝矿力水特——身体最需要的养分”“补充身体的水分和离子”等，宣传人体离不开宝矿力水特

04

07

接下页

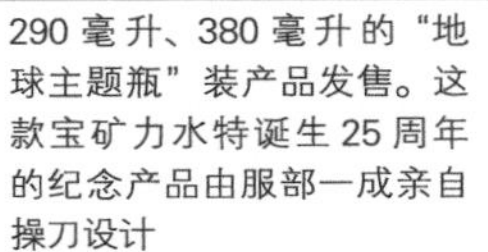

290 毫升、380 毫升的“地球主题瓶”装产品发售。这款宝矿力水特诞生 25 周年的纪念产品由服部一成亲自操刀设计

500 毫升环保瓶装产品发售。之前 27 克的瓶身重量变为 18 克，减轻了 30%。全新的瓶身与手掌更贴合。环保材料的使用使包装瓶回收利用时更容易压扁

补充离子

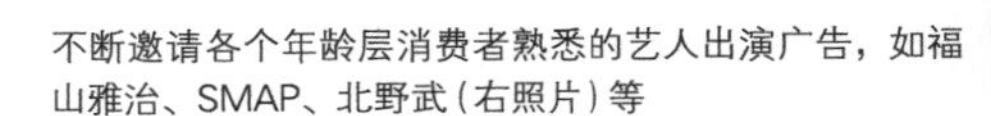

不断邀请各个年龄层消费者熟悉的艺人出演广告，如福山雅治、SMAP、北野武（右照片）等

“就是那抹蓝”“有离子才能 action”“享受流汗”“KEEP YOU BEST”“比水更接近身体”

诞生于1980年，至今已有35年历史的“宝矿力水特”的包装中有其他长期畅销品没有的一个特点——连续使用了35年的蓝色背景、白色波浪的瓶贴图案。

宝矿力水特宣传的产品特点是“快速补充因出汗流失的水分和电解质”。所以设计人员在设计产品包装时基于“宝矿力水特的水分吸收速度快于普通饮用水”的理念，用蓝色背景和白色波浪表示宝矿力水特和普通饮用水在吸收速度上的差异。

很多饮料厂家为了求新频繁更换产品设计，但是大冢制药在设计宝矿力水特的包装时将“是否符合产品理念”（大冢制药宣传册）放在首位。他们的想法是“我们通过生产出全新理念的产品来开拓市场”（同上）。

对于宝矿力水特来说，产品设计的本质是传达商品独特的价值，商品的设计不同于流行服饰，无需时刻追求时尚。

不改变设计也是出于提高设计投资效率的考虑。日本国内品牌在商品开发过程中支付的包装设计费大约为1500万日元至2000万日元。如果要举行设计竞标的话，那么每家设计事务所平均还要另外花费数百万日元。而且每更换一次设计，更换所有印刷物、媒体广告都是一笔不小的支出。

形象战略+科学依据

不过，不是所有的消费者都如

厂家预期的那样理解产品本质。更多的消费者更容易被产品外在形象吸引。

针对此种情况，宝矿力水特灵活利用电视广告打造产品形象。产品自 1980 年面世后花费了 13 年的时间取得了 100 亿罐（按 340 毫升罐装计算）的销售成绩，但在 20 世纪 90 年代，宝矿力水特仅用 5 年时间就创下了 100 亿罐的销售纪录，其秘诀就是在广告中起用新人女演员，吸引年轻消费者目光。

宝矿力水特的品牌战略可分为几个阶段。最初 3 年产品在市场上默默无闻，接下来的 5 年间大力宣传商品功能，稳定市场。

到了快速发展的 20 世纪 90 年代，宝矿力水特的宣传不仅停留在产品功能方面，而且成功树立了产品就是日常饮品的形象。

20 世纪 90 年代之后，宝矿力水特继续宣传产品功能方面的优点。在保持稳定销售额的同时，开始改变商品的容量大小，呼吁消费者养成健康的饮水习惯。此外，还使用了环保节能的包装材料，进一步稳固品牌基础。

近年来，宝矿力水特公司致力于用科学依据证明宝矿力水特的优点，以此吸引消费者、获取消费者的信任。

例如在干燥的冬季，鼻子和咽喉抵御上呼吸道感染的功能会下降，而饮用宝矿力水特等离子饮料则可以预防这种功能的下降。沐浴时，它比普通饮用水能更有效地缓解脱水症状。宝矿力水特公司用一系列科学依据向消费者证明产品的强大功能。

随着老龄化社会的快速发展，宝矿力水特要想成为国民饮料，就必须获得不容易受广告影响的老年人的青睐，所以怎样以新的方式呈现以上各种研究成果将是宝矿力水特今后面临的课题。

Bireley's / 朝日饮料

回归原点　传递安心与安全

诞生	1951 年
设计者	朝日饮料市场总部二部果汁组
特点	果汁饮料先驱者 Bireley's 诞生于美国，第二次世界大战后与美军一起“登陆”日本。随后 Bireley's 在美国没落，在日本却逐渐发展成知名品牌

更加丰富的表情

1959

2002

2007

2009

“橙子男孩”首次亮相时只露了侧脸，在之后的几十年间，它开始露出正脸、伸舌头，表情更丰富，橙子父子还曾共同在包装上亮相

更加立体的表现形式

1959

2001

2005

2013

初期的品牌标志就是简单的调色盘图案，之后通过添加阴影、高光等方式使“调色板”更加立体。不过“调色板”的基本形式没有变化。中途“调色盘”的颜色曾一度从蓝色变为橙色，但除此次变化外，其他时期的“调色板”全都是深蓝色

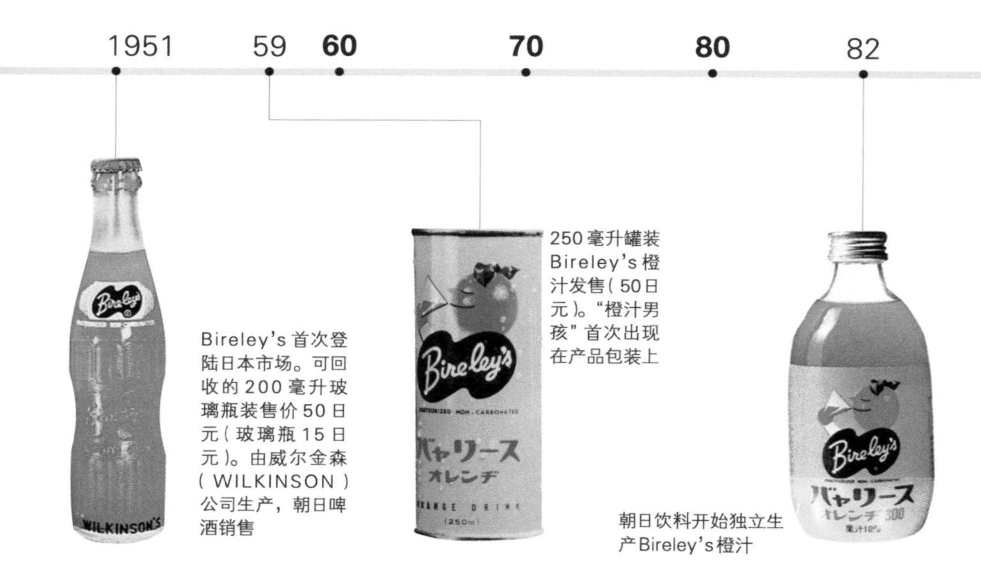

1951
59
60
70
80
82
Bireley's 首次登陆日本市场。可回收的200毫升玻璃瓶装售价50日元（玻璃瓶15日元）。由威尔金森（WILKINSON）公司生产，朝日啤酒销售
250毫升罐装Bireley's橙汁发售（50日元）。"橙汁男孩"首次出现在产品包装上
朝日饮料开始独立生产Bireley's橙汁

朝日饮料旗下的Bireley's橙汁畅销数十年。虽然产品曾在21世纪初期遭遇过销售瓶颈期，年销量降至700万箱，但最近几年每年都保持着约1500万箱的销量。朝日饮料市场总部二部果汁组负责人高田淳吾表示："产品销量的恢复表明果汁市场正宗口味的回归和品牌的回归""以前消费者追求新奇事物，所以像Bireley's橙汁这些历史悠久的商品就容易被看成'过时''落后'的代表。"

但是经济的持续不景气逐渐影响到日常生活，消费者的目光开始由新奇商品转向值得信赖、让人放心的商品。特别是东日本大地震以后，这种倾向尤为明显。

Bireley's橙汁曾是饮料中的奢侈品。如今日本法律规定只有使用100%果汁的饮品才能称为"果汁"，但在1967年这项法律条款颁布前，日本市场上充斥着没有加入任何新鲜果汁的"果汁粉"制成的饮品。所以1951年没有添加任何人工甜味剂、纯正果汁饮品的开创者Bireley's橙汁以每瓶55日元（200

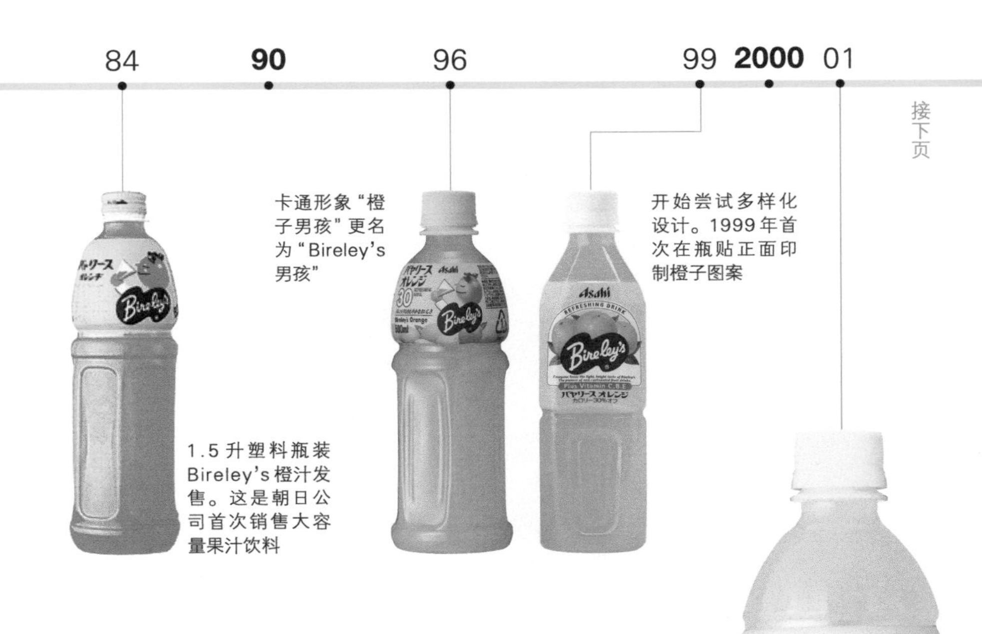

1.5升塑料瓶装Bireley's橙汁发售。这是朝日公司首次销售大容量果汁饮料

卡通形象“橙子男孩”更名为“Bireley's男孩”

开始尝试多样化设计。1999年首次在瓶贴正面印制橙子图案

接下页

沿用多年的深蓝色调色板标志变为橙色，包装整体颜色全部统一为橙色

毫升可回收玻璃瓶装，每个玻璃瓶15日元）的价格成为饮料界的高级饮品。新年或婚丧嫁娶时家人聚集一堂，大人们饮酒，孩子们期待的就是Bireley's橙汁。在外出就餐仍属奢侈活动的20世纪50年代，吃饭时能喝到一瓶Bireley's橙汁对于孩子来说无疑是最期待的事情之一。

生于美国、长在日本

1938年，美国科学家弗兰克·伯亚力发明了一种可以长时间保持天然果汁清香和口味的灭菌法。随

02 05 06

打出“妈妈们的快乐选择”(Mama's happy choice)的口号明确品牌价值，突出强调产品标志——“调色板”

普通瓶一直使用到2010年。设计中采用了两个品牌资产——“Bireley's男孩”和“调色板”

产品包装进行多种尝试，如在瓶贴上突出“Bireley's男孩”形象，将瓶贴整体设计成“Bireley's男孩”的模样，还尝试了复古风，使用20世纪50年代的美式包装

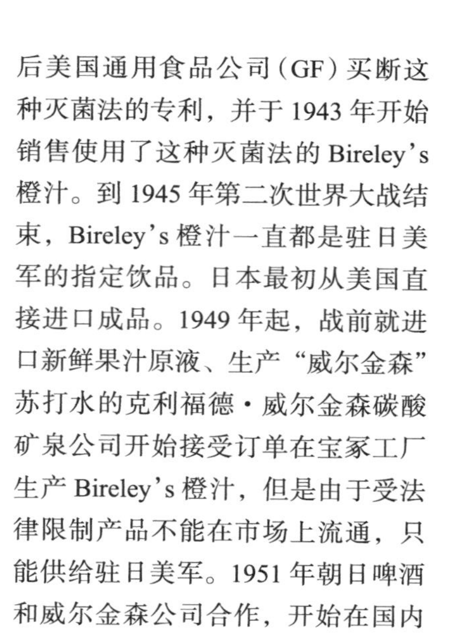

后美国通用食品公司(GF)买断这种灭菌法的专利，并于1943年开始销售使用了这种灭菌法的Bireley's橙汁。到1945年第二次世界大战结束，Bireley's橙汁一直都是驻日美军的指定饮品。日本最初从美国直接进口成品。1949年起，战前就进口新鲜果汁原液、生产“威尔金森”苏打水的克利福德·威尔金森碳酸矿泉公司开始接受订单在宝冢工厂生产Bireley's橙汁，但是由于受法律限制产品不能在市场上流通，只能供给驻日美军。1951年朝日啤酒和威尔金森公司合作，开始在国内

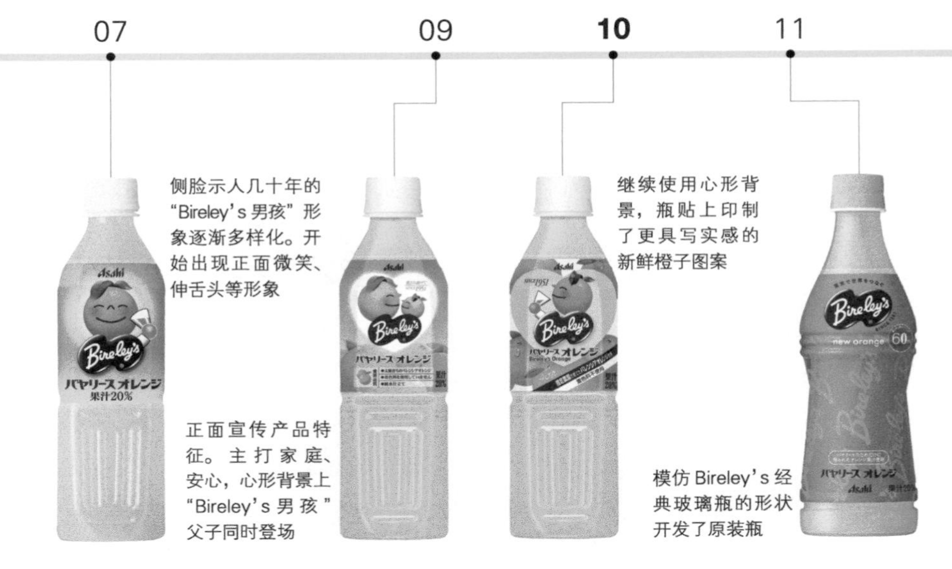
07
09
10
11
侧脸示人几十年的“Bireley's男孩”形象逐渐多样化。开始出现正面微笑、伸舌头等形象
正面宣传产品特征。主打家庭、安心，心形背景上“Bireley's男孩”父子同时登场
继续使用心形背景，瓶贴上印制了更具写实感的新鲜橙子图案
模仿Bireley's经典玻璃瓶的形状开发了原装瓶
Asahi
Bireley's
バヤリースオレンジ
果汁20%
new orange
60

普通市场正式销售Bireley's橙汁。

Bireley's品牌在美国国内的销售终结于60年代，但在日本的销售并没有停止。1980年朝日啤酒收购Bireley's，获得Bireley's商标权。1982年开始独立生产Bireley's橙汁，Bireley's由此成为朝日饮料旗下名副其实的一员。1987年产品日文名由“バヤリースオレンヂ”更名为“バヤリースオレンジ”。朝日饮料在取得商标权后的7年间，产品销量猛增两倍，一举稳固了其在果汁界的地位。

玻璃瓶也是品牌资产

世纪之交时，日本果汁市场风起云涌。1994年麒麟饮料发售“Klili”，1998年三得利公司的“natchan”面世，1999年，日本可口可乐公司开始销售“Qoo”。纵观整个清凉饮料市场，无糖茶类饮料销售额大幅增长。在如此激烈的竞争环境下，Bireley's橙汁被竞争对手压制，销量一度下降一半，当时有人担心照此形势发展Bireley's橙汁恐成为“上个世纪的遗产”。为了拯救Bireley's，1999年至2002年间

12 13

2012年：继续使用玻璃瓶形状的塑料瓶包装，使用白色色块作为“调色板”背景，突出品牌标志

瓶贴上端添加了冰块图案，包装整体采用橙色色调

朝日饮料进行了一系列尝试，这些尝试都反映在那个时期的产品设计上。

2001年“调色盘”的颜色变为橙色，包装整体色调统一。2002年使用了三种设计：一款在瓶贴上突出“Bireley's男孩”形象，一款是小容量的“小Bireley's”装，瓶贴设计成了“Bireley's男孩”模样，还有一款使用了美国经典广告的元素，强调产品诞生于美国。总之这一时期设计人员在包装设计上进行了各种探索。

2005年Bireley's重新确定产品价值，打出“妈妈们的快乐选择”(Mama's happy choice)的口号。树立Bireley's安全、可信赖、值得全家放心饮用的品牌形象。2011年Bireley's橙汁诞生60周年，设计人员模仿60年前经典玻璃瓶的形状设计了新的塑料瓶，表达产品回归原点的理念。玻璃瓶形状的包装瓶也是Bireley's的品牌资产，可以让消费者在新鲜感中体味怀旧的情趣。生活在现代社会中的人们所追求的不正是这种长期畅销品所独有的“怀旧情趣”吗？

2013 年更加丰富的 Bireley's 系列商品

起家于橙汁的Bireley's现在已发展成为综合果汁品牌。其旗下的固定商品苹果汁因为和橙汁的消费群体、饮用环境大致相同，所以和橙汁设计相同。而以成人为主要消费群体的"Fine Bitter"的设计极具时尚金属感。夏季新产品"冰凉菠萝汁"的设计强调的则是饮品的冰凉畅爽感。Bireley's旗下的不同产品设计不同，但是包装瓶形状和"调色板"标志保持一致，体现了品牌的统一感

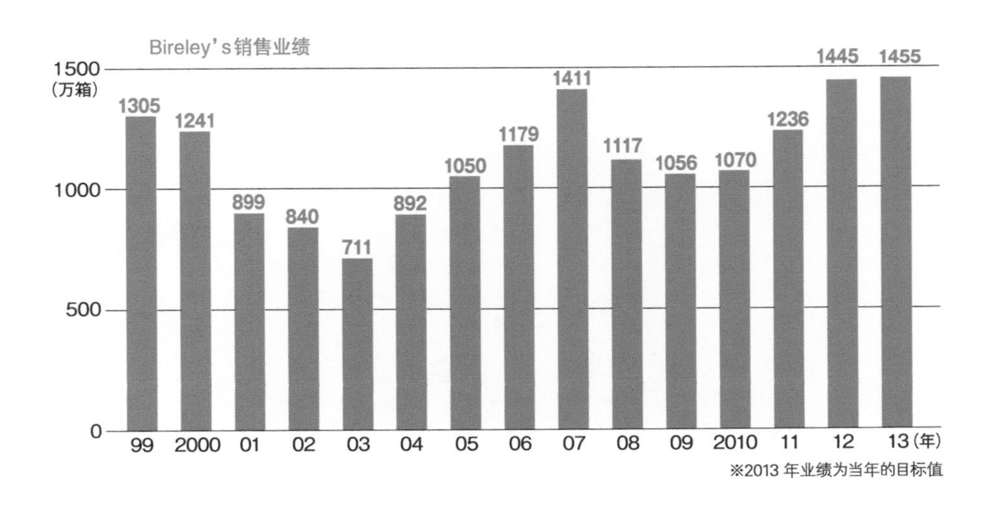

※2013 年业绩为当年的目标值

可尔必思 / 可尔必思公司

新瓶上的旧水珠

改变的设计

容器

为了确保饮品口味不受影响，可尔必思面世之初起使用的包装瓶和纸质包装的遮光性都很好。2012 年新上市的“比思瓶”就是该公司自主研发的 4 层结构的塑料瓶

不变的设计

日文片假名Logo

虽然可尔必思从 1919 年面世以来，曾使用过日文片假名 + 英文的 Logo，但“可尔必思”这四个字一直都是用日文片假名表示的。1997 年可尔必思公司还设计了涵盖日语 50 个假名的“可尔必思”字体

不变

不变的设计

水珠图案

因为可尔必思面世的时间是 7 月 7 日七夕节，所以设计者以银河为灵感设计了水珠图案。从最初的纸质包装时代就一直延续着的白底蓝水珠的设计，已经成为可尔必思的标志

诞生	1919年
设计者	可尔必思广告部
容量	470毫升
特征	日本首款乳酸菌饮料，根据个人喜好在饮料中加水稀释后即可饮用，深受男女老少喜爱。近年来在消费者中流行用可尔必思制作菜肴和甜点

瓶装到纸质包装，再到多层结构塑料包装

瓶装＋礼品盒

瓶装＋纸包

纸盒包装

1919年产品问世时是装在礼品盒中的。当时的销售公司是可尔必思的前身Lacto公司。1922年可尔必思的设计变成了强遮光性的茶色玻璃瓶外包裹一层带有水珠图案的包装纸，自此以后水珠图案就成为了“可尔必思”的固定形象。1995年，500毫升的小容量纸盒包装上市。如今可尔必思的包装变为了470毫升多层结构的塑料瓶

由英文Logo变为日文片假名Logo

1919

1964

1980

1997

“可尔必思”中的“可尔”取自钙的英文(calcium),“比思”取自梵文中的熟酥(发酵的牛奶制品)。1922年的产品广告中首次出现了“可尔必思”标志性的日文片假名Logo。20世纪六七十年代产品曾使用过红色片假名Logo和白色英文的组合，20世纪80年代后这两种文字的颜色对调，新的包装强调白色的日文片假名。1997年起白色片假名成为“可尔比思”系列产品的正式Logo

接下页

一眼便知这是『可尔必思』

1922

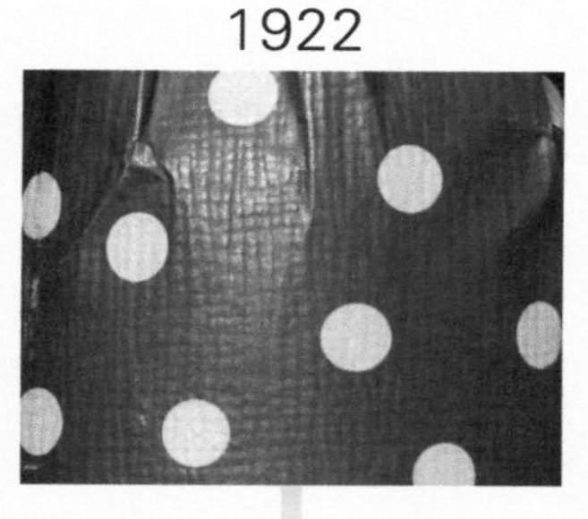

1953

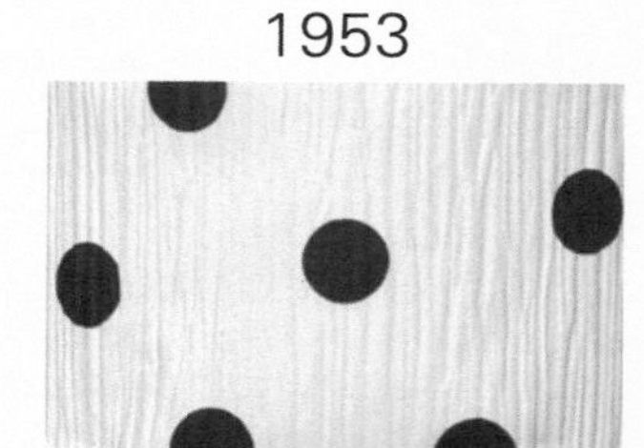

1995

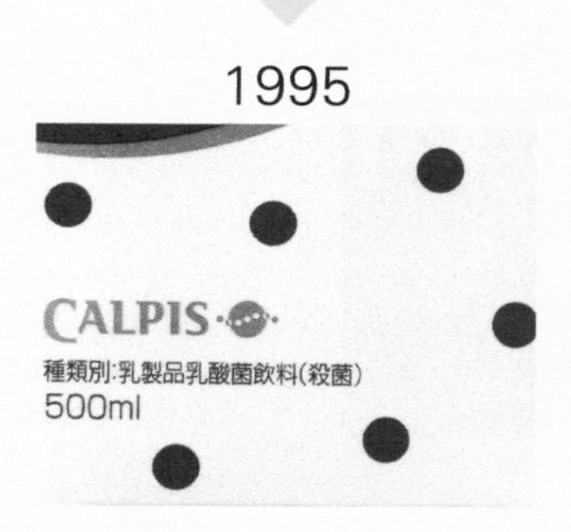

CALPIS
種類別:乳製品乳酸菌飲料(殺菌)
500ml

从包装纸到纸盒再到如今的塑料瓶，在这些包装容器上都可以看到可尔必思标志性的水珠图案。可尔必思水珠图案的设计灵感来自银河中的群星。1922年的产品是蓝底白水珠，战后变成了白底蓝水珠。1995年的纸盒包装上的水珠虽然有所减少，但水珠仍按照一定密度均匀分布，产品在卖场里具有非常高的辨识度

1919

“可尔必思”的创始人从内蒙古游牧民族的传统乳制品中得到启发，研制出美味健康的乳酸菌饮料“可尔必思”，并于1919年开始发售。茶色的玻璃瓶加礼品盒的包装在当时非常高档

1922

玻璃瓶外的包装由礼品盒变为包装纸。因为发售当天是7月7日七夕节，所以设计者以银河中的群星为灵感在包装纸上设计了白色水珠图案。当时包装纸上的水珠采用的是不规则的手绘风

1953

第二次世界大战后白色水珠变成了蓝色水珠，背景色则由蓝色变成白色，突出强调由鲜乳制成的可尔必思的清爽口感

1964

贴在包装纸上的瓶贴设计发生了很大的变化。英文“CALPIS”字样位于瓶贴的正中位置

接下页

对于大部分日本人来说可尔必思是从小喝到大的饮品。将浓稠的可尔必思倒入放了冰块的玻璃杯里后再加水稀释即可饮用。厂家推荐用4~5倍的水来稀释，不过根据自己口味勾兑饮料也是一种乐趣。这是日本人从孩童时代就熟悉的味道，如今这个熟悉的味道依旧还在身边。

近年来可尔必思公司又开发了众多受消费者青睐的新产品。2011年的一个调查显示日本人每年人均消费可尔必思4.1升。由此可见可尔必思的确是从大正时期（1912—1926）起就拥有超高人气的国民饮品。

2012年，可尔必思迎来93岁生日，产品容器全面升级。

自1922年以来，可尔必思采用的一直都是遮光性强的茶色玻璃和外层水珠图案的包装纸，直到1995年才换成了轻便的纸盒包装。2012

1981

包装纸没有变化，瓶贴的设计重点放在了日文片假名上

1995

容量相同但更轻便的纸盒装上市。日文片假名成为包装设计的中心，水珠图案覆盖整个纸盒

1997

“可尔必思”公司重新评估产品设计价值，制定统一的设计标准。重新使用过去的商标，“喇叭杯”标志诞生

年 4 月，产品开始使用 4 层结构的“必思瓶”。

可尔必思面世初期为了防止外界光亮破坏以鲜乳为原料的产品口感，在玻璃瓶外包裹了一层包装纸。所以 2012 年在设计新的包装容器时为了避免饮品纯正味道遭到破坏必须选用能够阻止光和氧气作用的材料。普通的塑料瓶无法遮光，所以不适用于可尔必思。经过多次尝试设计人员终于设计出了新的 6 面形

2009

商品上市90周年。“来自乳酸菌的自然馈赠”的广告词出现在包装上。包装盒正面的蓝色背景上印制了银河的图案

2012

历时两年开发出新式包装瓶。凹凸设计便于携带，多层结构的塑料包装更显商品品质也更环保

包装瓶。新包装瓶模仿老式包装纸包裹玻璃瓶的形状制作而成，凹凸设计方便产品携带、倒入杯中。因为新设计的瓶盖和瓶贴也是塑料制品，所以回收时无需进行垃圾分类，更符合时代特点。

设计资产——水珠图案和Logo

虽然可尔必思的包装容器从玻璃瓶到纸盒再到塑料瓶不断变化，但是水珠图案和“可尔必思”的日

喇叭杯

1989年以前

1997 年～

诞生于 1997 年的"喇叭杯"是可尔必思的味觉标志之一。喇叭形的玻璃杯和搅拌用的吸管标志只出现在"可尔必思"旗下需要加水稀释的产品包装上。其实1989年之前可尔必思也曾使用过玻璃杯和吸管标志，当时的标志还有一个可尔必思的卡通形象（在可尔必思广告海报及图案征集比赛三等奖获奖作品的基础上设计而来），但在 1989 年这个卡通形象的标志就停止使用了

文假名商标却能帮助消费者从一众饮品中迅速找到可尔必思。二者都是从 1922 年起使用至今的设计元素。虽然最初水珠图案是蓝底白水珠，片假名也是斜写的，但是这两样元素终究都被继承下来了。

1997 年可尔必思公司广告部重新评估可尔必思的设计价值，正式制定了水珠图案和片假名 Logo 的使用规范。之所以制定这个规范是因为该公司又开发出了更多可尔必思系列产品。为了在商品种类增加的同时保持品牌形象，所以需要统一所有产品的包装设计。

以日文片假名 Logo 的字体为基础，可尔必思公司还设计了涵盖日语 50 个假名的可尔必思字体，并制定了使用指南。水珠图案正式确定为正圆形，要保持一定密度均匀分布在包装上。

维生素版可尔必思

可尔必思公司曾推出过维生素版可尔必思。添加了维生素的可尔必思，其包装首次在白底上使用了橙色的水珠图案

杯口像喇叭花一样的玻璃杯和吸管的标志从昭和时期（1926—1989 年）就出现在产品的广告和包装纸中。

水珠图案、日文片假名商标、喇叭杯，这三样就是可尔必思最重要的设计资产。现在可尔必思产品的基本设计是：包装容器上水珠均匀分布，容器正面是日文片假名 Logo 和喇叭杯标志。片假名 Logo 和喇叭杯以画了织女星和牵牛星的银河为背景，默默提醒着消费者可尔必思诞生于七夕节。

要保证国民商品的长盛不衰，既要保护传统，也要根据时代变迁不断创新。即使更换了性能更高的包装容器，安心、健康的产品理念和设计也不会改变，可尔必思的包装就是最好的例子。

伊藤园绿茶（お~いお茶）/伊藤园

不变中的新设计

流行

改变的设计

包装瓶形状

最初面世时伊藤园绿茶（お~いお茶）是罐装饮料，之后随着饮料产品的主流设计变成500毫升的塑料瓶后，伊藤园绿茶的包装瓶不断变化，瓶贴设计也随之发生变化

不变

不变的设计

毛笔字Logo

毛笔书写品牌Logo既体现了产品的和风和韵，又能传递手写文字的温暖和亲切感

不变

不变的设计

竹子纹路

设计人员从“泡茶的杯子=竹子”的思路中得到灵感，将过去的易拉罐和现在的塑料瓶的瓶贴背景都设计成竹子纹路

诞生	1989年
设计者	伊藤园商品企划总部
特征	日本绿茶饮品的开创者。消费者即使外出也能随时饮茶。将绿茶爱好者从煮开水、泡茶的繁琐中解放出来，成功开辟了新市场

接下页

不易发现的微妙差异

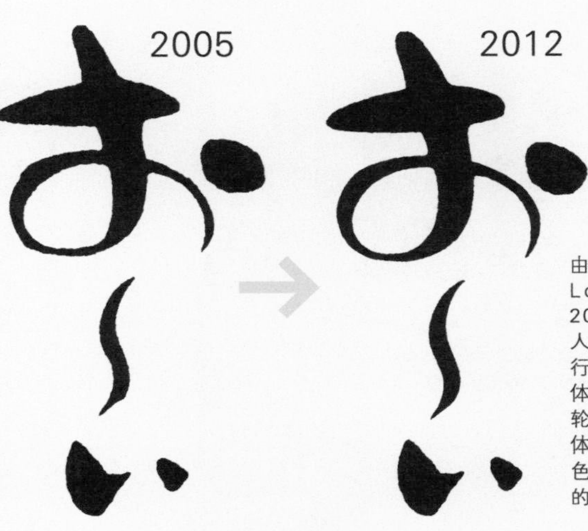

由书法家书写的品牌Logo启用于1989年。2012年商品升级时设计人员首次对品牌Logo进行了修改。新的Logo字体没有变化，但是字体轮廓更加柔和。Logo字体的颜色是带点绿色的黑色，这也是一直保持至今的设计元素之一

2004

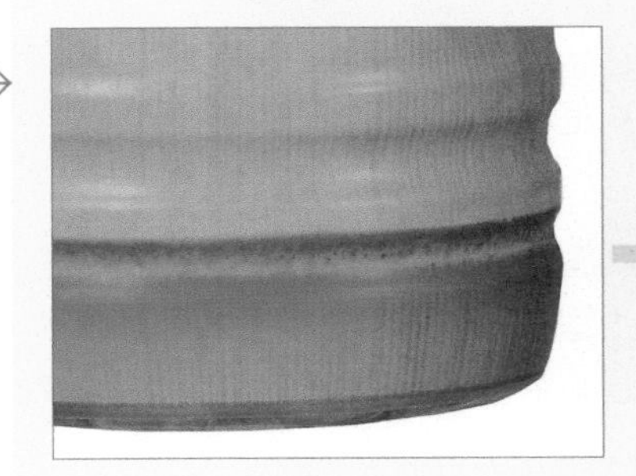

2012

竹子纹路和毛笔字Logo展现的日式茶韵

商品瓶贴背景的竹子纹路由日本著名插画家斋藤雅绪操刀绘制。早先易拉罐装上的竹子纹路背景一直使用到2004年，2005年产品更新换代时重新绘制的竹子纹路一直使用至今

1985 89 **90** 96 **2000**

产品的前身是“罐装煎茶”。采用了防氧化的保存技艺，是世界上首款罐装茶饮料

产品升级。将产品广告词定为产品名。产品发售不久后就改变了品牌 Logo，并将包装上的“煎茶”更名为“绿茶”

1.5 升塑料瓶装发售，成为世界首款绿茶饮品。使用彩色包装容器。1993 年 2 升塑料瓶装发售。此后 2 升瓶装成为伊藤园绿茶的固定商品

500 毫升塑料瓶装发售。由此揭开了伊藤园绿茶拓宽市场的序幕

如今在自动售货机上买瓶塑料瓶装的茶饮料是件司空见惯的事，但在几十年前茶是用热水冲泡在茶壶里的饮品，边走边喝这种事是绝对不能想象的。同样，过去的人们也难以想象花钱在饭店喝茶，因为以前饭店里的茶是免费赠送的。带来这些变化的就是开辟了茶饮市场的先驱者——伊藤园的绿茶。

伊藤园绿茶的前身“罐装煎茶”诞生于 1985 年。产品开发人员为防止饮品氧化研制了特殊的保鲜技术。这是世界上首款罐装茶饮料。当时日本人正逐渐远离茶，特别是很多年轻人甚至连“煎茶”两个字都不会读，所以消费者也就不知道这是

接下页

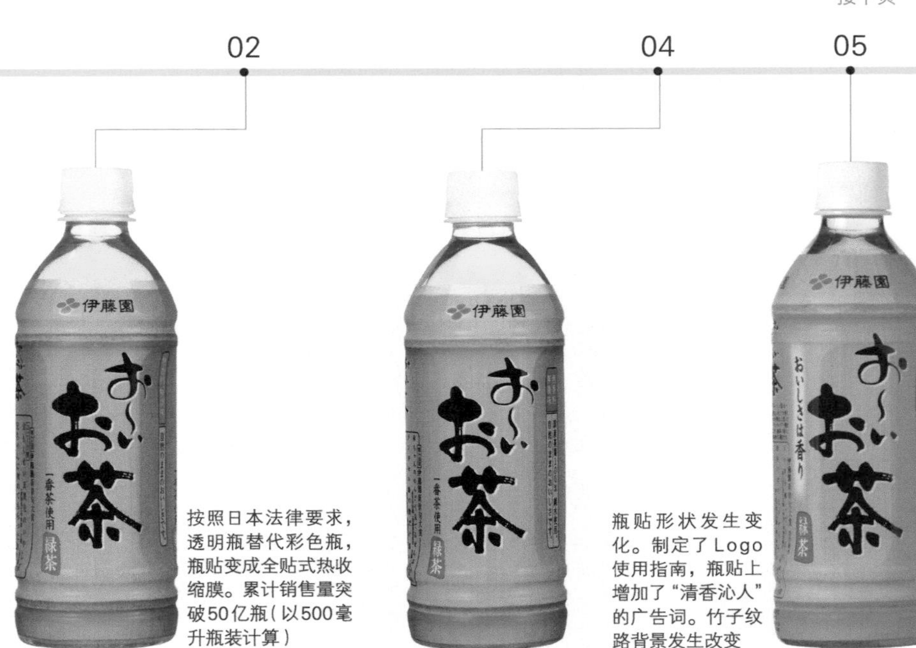

按照日本法律要求，透明瓶替代彩色瓶，瓶贴变成全贴式热收缩膜。累计销售量突破50亿瓶（以500毫升瓶装计算）

增加“100%国产茶叶和纯水生产”的广告词

瓶贴形状发生变化。制定了Logo使用指南，瓶贴上增加了“清香沁人”的广告词。竹子纹路背景发生改变

何种饮品，产品销路自然不佳。

为此伊藤园在电视广告领域投入了巨大精力。演员岛田正吾对着家人大喊“お~いお茶”（喂，喝茶啦）这句广告词迅速传遍大街小巷。所以1989年伊藤园就将这句广告词作为产品名称，正式销售“お~いお茶”（伊藤园绿茶）。产品包装上的毛笔字Logo和竹子纹路背景的设计也自此沿用至今。

轻便瓶装成功开拓市场

最初的毛笔字Logo在销售伊始曾做过很大改动。因为毛笔写的“茶”字看上去像“犬ホ”，在对毛笔字Logo稍作调整后就不容易产生歧义了。

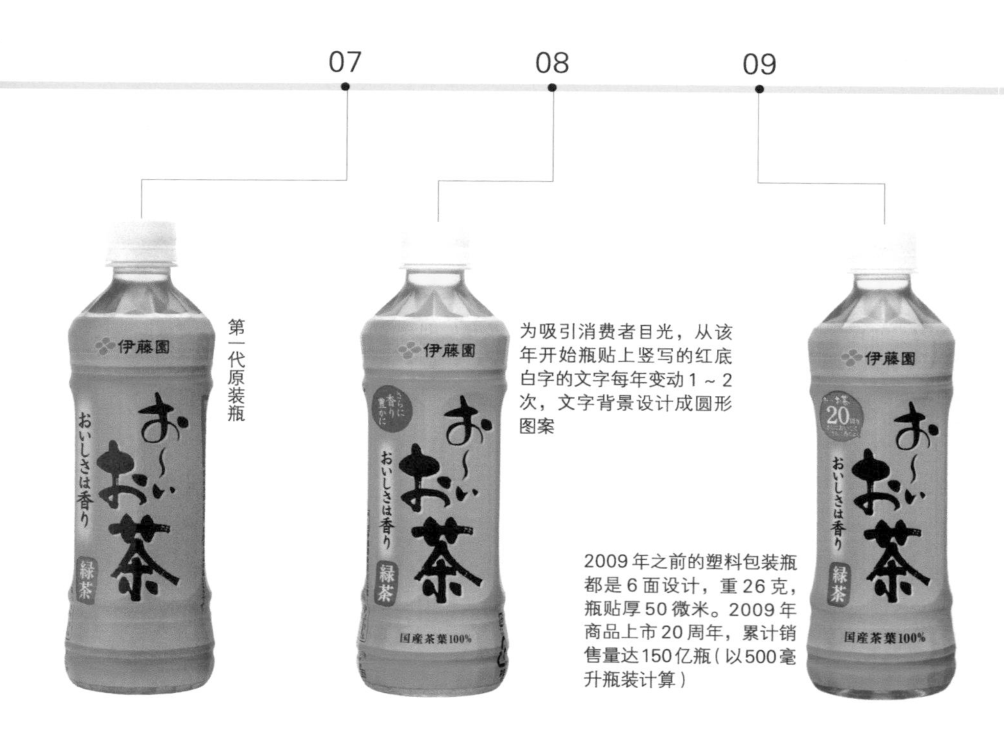
07
08
09
伊藤園
おーいお茶
おいしさは香り
緑茶
国産茶葉100%
第一代原装瓶
为吸引消费者目光，从该年开始瓶贴上竖写的红底白字的文字每年变动1～2次，文字背景设计成圆形图案
2009年之前的塑料包装瓶都是6面设计，重26克，瓶贴厚50微米。2009年商品上市20周年，累计销售量达150亿瓶（以500毫升瓶装计算）

伊藤园绿茶是罐装煎茶的继承品，所以最初产品包装上还保留了“煎茶”二字。但是后来设计人员意识到消费者并不熟悉“煎茶”，所以随即将“煎茶”改为“绿茶”。

1990年1.5升塑料瓶装发售。1.5升装的包装瓶贴较小，所以竖写商品名变为横写。

一直到1995年，日本饮料界都在控制轻便瓶装饮料的生产数量。因为轻便瓶装会增加垃圾数量，而当时的循环技术和循环系统都还不完善。在这项行业内的不成文规矩解除后，1996年，伊藤园绿茶的

10

12

原装瓶更新换代。瓶面变为8面设计，重23克，瓶贴厚度变为30微米。包装瓶下端的缝隙处设计成竹节形状

产品包装设计升级。修改了毛笔字Logo，包装上其他文字字体也发生了变动。通过重新设计各元素，产品形象更为简洁。包装瓶也进行了升级，升级后的包装瓶更加轻便，8面变成10面，瓶身更接近圆形，重量减轻至19克，瓶贴厚度变为20微米

500毫升塑料瓶装就上市了，并且一经面世就取得惊人的销售业绩。

随着市场的不断开拓，越来越多的厂家都想在茶饮料市场分一杯羹，所以竞争日益激烈。此时麒麟饮料推出绿茶新产品——“生茶”。与只在包装瓶上端贴瓶贴的旧式饮

2008年 春　　2009年 春　　2009年 冬

料包装不同，“生茶”采用的是全贴式热收缩膜包装。而且当时伊藤园绿茶使用的还是绿色包装瓶，但从2002年开始日本政府就禁止厂家使用彩色包装瓶了。

面对外界的严峻挑战，2002年伊藤园绿茶进行产品升级，使用了全贴式热收缩膜。除了恢复竖写Logo外，还对瓶签表面进行了消光处理，这也是伊藤园绿茶沿用至今的设计雏形。

品牌价值是“亲和力”

2004年伊藤园绿茶又遇到一个新的竞争对手——三得利推出的“伊右卫门”。伊藤园绿茶使用的是普通的塑料瓶，但“伊右卫门”使用的是独立开发的原装瓶，“伊右卫门”的瓶身比伊藤园绿茶高1厘米，瓶身更修长。

对于伊藤园绿茶来说，要开发出原装瓶需要时间和成本，所以伊藤园绿茶在2005年制定了普通瓶的应对策略。为了从视觉上增加商品高度，设计人员将瓶贴位置提高至

2010年
春

ひときわ
味わい
豊かに

2012年

2008年开始每年在瓶贴上添加宣传本年度产品特点的标志。2011年因为东日本大地震商品升级推迟，因此2011年产品瓶贴上该标志缺席

瓶口位置，保持Logo大小不变，如此设计拉大了文字间距，产品在视觉上更修长。就在这一年伊藤园绿茶也首次制定了Logo使用指南。

虽然做了如上改变，但伊藤园绿茶的毛笔字Logo与“伊右卫门”相比仍不出彩。所以当时伊藤园内部就是否应该升级到更高端的包装存在争议。但是伊藤园绿茶的品牌价值就在于其亲和力，所以设计人员最终选择了简单的包装。此时伊藤园绿茶也开始思考其品牌理念是什么，随后他们提出了“清香沁人”的产品理念。

2007年产品包装瓶换成原装瓶后每年进行的调整都很细微。但在2012年品牌Logo首次发生了较大改动。这次改动没有改变Logo的字体，而是将字体轮廓修改得更加柔和。“清香沁人”四个字的字体则有所变动。这次包装升级是改变了产品设计基础的大幅度变动。

虽然这些设计细节上的变动消费者很难一眼看出，但是这些变动表明产品确实在不紧不慢地紧跟时代步伐发展。正是这些看不见的努力才使伊藤园绿茶能够长盛不衰。

Joie ／养乐多总部

初心与新意并重

流行

改变的设计

Logo

Joie 的品牌 Logo 一直随包装不断改变。最新的 Logo 采用了第一代品牌 Logo 的设计要点，并添加了背景图案

不变

不变的设计

蓝色

作为世界上首款液体酸奶，Joie 从第二代包装开始使用能代表酸奶的蓝色

不变

不变的设计

包装瓶形状

产品从第一代起使用的就是瓶身下端凹陷的包装瓶。这个形状的包装瓶已经成为 Joie 的标志。产品容量也一直都是 125 毫升

诞生	1970年
设计者	养乐多公司广告部制作科创意设计科科长　杉田宏之
特点	世界首款液体酸奶。加入了乳酸菌“代田菌”[①]的保健食品。能够帮助身体轻松吸收钙和维生素C。定价95日元（含税）

① 日本京都大学医学部的微生物学教授代田稔于1930年成功培养出对人体肠道有益健康的乳酸菌，并以其名字将之命名为“代田菌”。

重视产品功能

Joie 的品牌 Logo 经历了数次更换。第一代（1970 年）和第二代（1980 年）Logo 为日语片假名“ジョア”，第三代（1992 年）和第四代（1999 年）为法语“Joie”和片假名“ジョア”的双 Logo，第五代（2004 年）和第六代（2007 年）品牌 Logo 又重新变为片假名“ジョア”。从第四代产品开始 Logo 周边出现了产品功能的宣传文字

代表酸奶的颜色

除了 Joie 的第一代产品包装使用了绿色外，之后都是蓝色包装。白底蓝字的组合既充满清爽感，也传递着 Joie 的酸奶产品形象

接下页

从诞生起就未改变过的标志

聚苯乙烯树脂材质和瓶身下端凹陷的形状，这两者是 Joie 从诞生日起就未改变过的设计元素。瓶身下端凹陷的包装瓶可以使商品在超市货架上脱颖而出，拿在手中也有很高的辨识度。所以虽然产品的品牌 Logo 一直在变，但包装瓶形状却从未改变，并且已经成为 Joie 独有的品牌创意。Joie 瓶子的设计与“养乐多”瓶子的设计出自同一人之手——剑持勇

1970

1970

第一代品牌 Logo 直接印制在包装瓶上，包装色彩为绿色

世界首个液体酸奶品牌 Joie 诞生至今已更换过 7 代包装。如此频繁更换包装的目的之一就是为了挽回自 1972 年之后一路下降的销量。

2012 年产品包装升级后，当年销量就超过了上次产品包装升级时的销量。而在此之前 Joie 的历史上还从未出现过包装升级年份的销量

80 81 90 92

包装瓶外添加了一层薄膜，薄膜上印制了牧场图案，提升了产品形象

品牌Logo换成法语单词“Joie”。包装设计简洁清爽。Joie在法语里中是“欢乐”的意思

超过往年包装升级年份销量的情况。所以2012年的产品包装升级是一个十分成功的案例。

为何仅第七代的包装升级促进了销量的增长呢？现在让我们来回顾历代Joie的产品包装来探寻力挽狂澜的第七代包装设计中的秘密吧！

功能表达高于一切

观察Joie的历代包装会发现，产品包装设计的重点逐渐倾向于宣传产品功能。前三代产品包装非常简单，重点宣传的是酸奶的美味，但从第四代包装起宣传重点开始发生重大转变。第四代包装中加入了“保健功能食品”的字样；第五代开

99 2000

产品包装着重强调产品作为液态酸奶鼻祖的地位。添加了产品功能的文字介绍

始为了区别于市面上其他产品，包装中增加了“代田菌”三个字；第六代包装采用了强调产品功能的金色色块。随着消费者对健康问题的不断关注，Joie 的一系列产品包装升级都可以看出设计人员力图宣传 Joie 品牌价值的努力。

Joie 在进行第七次产品设计升级前曾面向消费者进行过一项调查。调查中很多消费者都表示喝过 Joie，可见 Joie 的品牌知名度很高。但是消费者对 Joie 评价较高的方面不是产品功能而是产品的口味和饮用时的愉悦感。而在关于品牌形象的调查中，很多消费者表示第一代设计最符合 Joie 的产品特点。可见本是为满足消费者追求健康的需求而不断升级的设计却逐渐偏离了产品在消费者心中的形象。

Joie 最新的设计希望能保持产品在消费者心中的形象，但这次的升级也不能只是简单地回归第一代设计。Joie 作为长期畅销品虽然拥有很高的知名度，但是如果产品使消费者产生“这是我小时候喝的酸奶，所以现在已经不适合我了”的想法，就会失去很多顾客。因此第七代包装设计的目标是既要最大限度发挥品牌效应又要带给消费者新鲜感。

新的品牌 Logo 就体现了这一

04

08

接下页

乳酸菌"代田菌"三个字首次印制在瓶身上。包装更加注重产品保健功能的宣传

瓶身上添加了金色色块强调产品的保健属性。产品盖子也更换成和容器包装相同的材料

设计目标。第七代品牌 Logo 在重现第一代品牌 Logo 的同时又对包装背景做了新的设计，使怀旧与创新并存。

Joie 的包装瓶形状是品牌资产之一。"你想喝哪种容器中（纸盒、

10 12

集大成的新 Logo 将 Joie 的美味与保健、传统与新意完美结合

不同口味演绎出的新鲜感

草莓

易拉罐等）的饮品”的一项调查显示 Joie 的包装瓶最受青睐。沿用了将近半个世纪的包装瓶不仅极具视觉特征，还能让消费者联想到拿着酸奶瓶，朝里面插吸管等一系列动作，极具辨识性，深受消费者喜爱。

回顾历史我们发现，Joie 如今的包装才是最符合 Joie 的品牌形象的设计。在宣传保健功能的同时，又能契合消费者追求新鲜产品的心理，第七代包装可谓产品取得良好销售业绩的功臣。

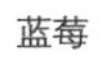

Joie 旗下不同口味的酸奶包装都以原味包装为基础，只是将 Logo 和背景色换成相应口味的颜色。除了有草莓味酸奶等固定商品外，每年还会定期推出橙子味等特定主题商品，以此保持品牌的新鲜感

Joie 每日销售数量变化（以商品包装升级年份为例）

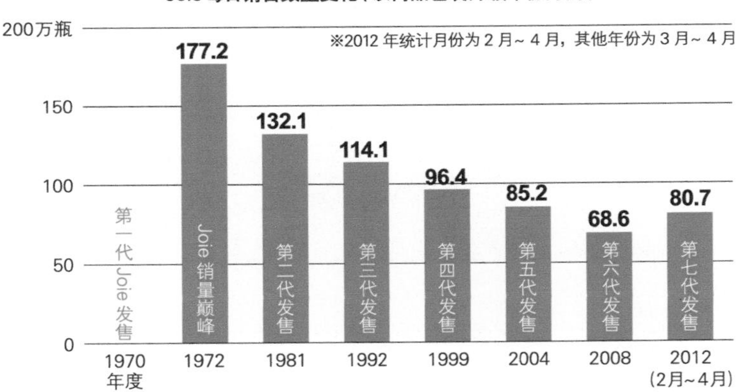

Joie 在 1972 年达到销量顶峰后销售业绩就一路下降。但在 2012 年（第七代商品）产品包装完成第六次升级后，该年度产品销量就超过了第六代的销量

Bisco / 江崎格力高

诞生 80 年后迎来全盛期

不变的设计

红色背景色和白色圆圈、巨大的品牌 Logo、饼干的插图和卡通儿童头像这四大设计要素的组合从产品诞生之日起就从未改变

流行

改变的设计

品牌 Logo 和卡通儿童头像

品牌 Logo 和儿童卡通头像是包装设计中不可或缺的元素，二者随着时代的变迁也发生了很大变化

诞生	1933 年
设计者	江崎格力高广告部
特点	奶油夹心饼干，奶油中富含乳酸菌、钙、维生素等元素。广告词是“更美味更强壮”

不断传承的四大要素

1939　　1966　　2012

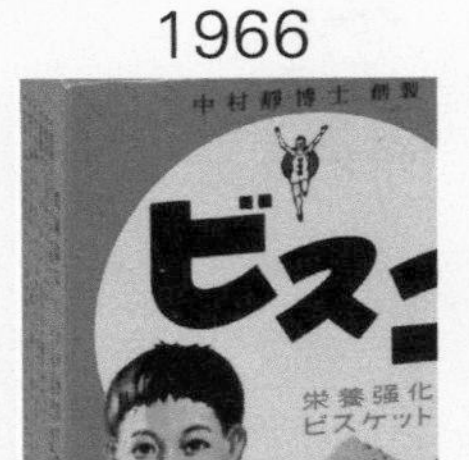

Bisco饼干初期的设计参考了当时一款妇科药。那款妇科药黑色背景色和白月亮的设计在药店里非常醒目，所以Bisco饼干以这款妇科药为模板设计了略发黄的红色背景和白色圆圈，随后红色背景的色调越来越红，直至变成如今充满活力的亮红色

圆润的品牌Logo

1933

1974

1982

2012

与格力高公司奶糖产品棱角分明的品牌Logo不同，Bisco饼干使用的是柔和的圆形Logo。1974年设计的品牌Logo中“ビスコ”中间的假名“ス”字略微缩小，符合日本人的书写习惯。1982年在经历日本经济低迷期后，再次进行的包装升级中又将Logo中的3个假名变为相同大小的印刷体。2005年新的品牌Logo则吸取了早期Logo的特点并一直沿用至今

接下页

不同时代的卡通儿童头像

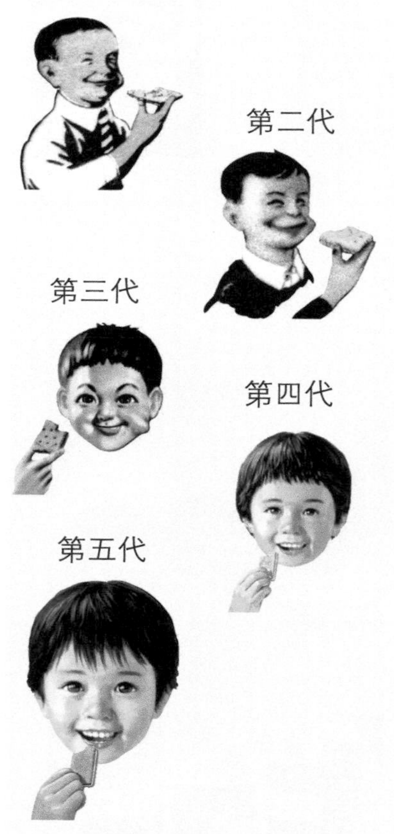

第一代的卡通儿童头型参考的是一款德国的儿童食品，所以儿童头像并不像日本人。第二代头像仅使用5年就让位给了第三代头像。第三代头像特地将男孩的脸颊设计成了鼓起的样子。之后随着时代的变迁又诞生了不同发型和表情的第四代、第五代头像。在设计第五代头像时，格力高公司认真研究当代儿童的模样，收集了几百张儿童照片。Bisco饼干的卡通儿童头像的变化整体上可以分为五代，但是还有很多年份也对头像做了细微调整

1933

Bisco饼干发售。1盒10钱。卡通儿童头像印制在包装盒背面

江崎格力高公司的Bisco饼干在日本家喻户晓。从1933年问世至今已有80多年的历史，如今这个拥有80多年历史的品牌迎来了全盛期。2011年的销售额突破50亿日元，是2010年的1.4倍。2012年的销售额更是创下历史最高值的52亿日元。但是，Bisco饼干也曾经历过太平洋战争导致的生产中断，战后饮食结构的变化导致的销售额下降等数次危机。

39 40 50 51

接下页

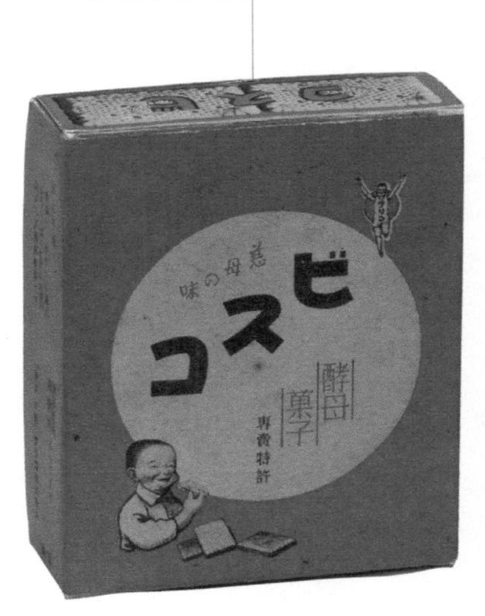

卡通儿童头像出现在包装盒正面

恢复因战争中断的生产。
第二代卡通儿童头像登场

1931 年江崎格力高在其成立 10 周年之际销售的格力高奶糖打开了该品牌在全国的知名度，奠定了事业基础，此后便开始致力于研发生产第二款糕点。

诞生于国民普遍营养不良的战前

Bisco 饼干诞生之前有研究报告指出酵母能改善肠胃功能，所以江崎格力高公司想到在糕点中加入酵母，饼干就成了候选之一。但是制作饼干必需的高温烤制会杀死酵母，所以研发人员改成将酵母加入奶油中，做成夹心饼干。就这样 Bisco 饼干终于在 1933 年诞生了。

将酵母饼干的英文缩写“cobis”的字母调换顺序就产生了“Bisco”这个商品名。品牌 Logo 的轮廓圆润，不同于格力高奶糖 Logo 的棱角分明。当时的饼干产品多是大盒装或者散装，而 Bisco 饼干则设计成口袋大小的包装，方便游玩时携带食用。

56　60　66　70

包装盒背面印制了江崎格力高剧场在1965年—1966年播放的动画片《游星少年帕比》主人公的卡通形象

第三代卡通儿童头像登场

产品的包装设计参考了当时一款妇科药的包装。那款妇科药黑色背景色加白月亮的设计在药店里非常醒目，所以格力高的设计人员设计红底背景色和白圆圈。设计人员还从一款德国饼干的海报中鼓起腮帮吃饼干的儿童头像中得到启发，在包装盒上设计了一个日本男孩的头像。这就是Bisco饼干经典的儿童头像的由来。儿童鼓起的腮帮展现产品的美味，而儿童脸上的酒窝

74 **80** 82 **90**

接下页

包装上虽然仍然是第三代的卡通儿童头像，但是儿童头像和Logo都发生了细节变化

第四代卡通儿童头像登场。新 Logo 在视觉上更加醒目

和眼神让消费者倍感亲切。这些元素都一直沿用至今并成为 Bisco 饼干品牌形象的核心。

品牌面临的生存危机

1934 年，江崎格力高面向在室户台风中受灾严重的近畿地区的灾民低价销售商品 Bisco 饼干，这一举措帮助产品打开了知名度，并成为品牌发展的契机。产品面世两年后的 1935 年，江崎格力高公司决定增加 Bisco 饼干产量，开拓大阪、京都、神户以及朝鲜半岛等地区的市场。1940 年的月平均产量达到 120 万盒。但是 1941 年太平洋战争爆发后，江崎格力高公司被迫限制产量，直到 1951 年才完全恢复生产。1966 年产品开始销往北海道地区，随后进军东北、静冈、甲信越地区。1967 年终于成功打入东京市场，销售额也增加了约两倍。

但是随后 Bisco 饼干的顾客却

2000 05 10 12

第五代卡通儿童头像登场。头像的头型、发型都发生了很大变化

在面世80年后创下新的销售纪录

渐渐流失。1979年的销售额跌破5亿日元，企业内部甚至一度讨论是否要停产Bisco饼干。产品销售额下降的主要原因是当时全社会开始关注儿童蛀牙问题，这导致甜食产品市场整体低迷。另外饼干过硬也是消费者放弃Bisco饼干的原因之一。

为了拯救Bisco，格力高公司开始了大刀阔斧的改革。将硬饼干换成薄软饼干，降低奶油甜度，增强维生素、钙和乳酸菌的功能，终于在1980年全面推出了“新Bisco饼干”。

“新Bisco饼干”面世时没有对设计做全面更新，但1982年设计人员调整了卡通儿童头像和品牌Logo，还向市场投放了新广告，经过一系列努力，终于挽救了产品的下降势头。

提起Bisco饼干，大部分人认为这就是幼儿食品，但实际上Bisco饼干的购买者中六成都是十几岁的青少年。

20世纪90年代，江崎格力高在九州地区的大学生生活消费协同

各种各样的Bisco饼干

2007年，5年超长保质期的“保存罐装Bisco”问世。这一产品的诞生源于经历了淡路大地震的格力高员工提出的超长保质期饼干的设想。东日本大地震发生的第二年该款产品的销售量就超过了2011年的7倍，创下了历年产品出厂量新纪录。“微笑Bisco”则为消费者提供个人定制服务，可以将品牌Logo和卡通头像换成消费者自己的名字和照片。“80周年特别款Bisco”则是由发酵黄油和香草奶油夹心搭配的Bisco饼干。特别款的大盒包装和小袋包装的背景色都是金色

组合（大学生生协）将家庭装的大包装Bisco饼干拆开零售，深受大学生欢迎。1995年销售的“Bisco迷你装”将迷你装的便携性和食品的充饥性完美结合在了一起。1997年推出的三种不同口味赢得了女性白领的青睐，进一步拓宽了顾客群体和食用场合。

传承三代的品牌

2005年，时隔23年之后格力高又对Bisco饼干的包装进行了更新换代。背景色由传统的朱红色变成更具活力的亮红色。卡通儿童头像也变成了现代日本儿童的模样。小时候母亲喂给自己吃的饼干如今自己喂给孩子吃，等当了奶奶又可以和儿孙一起享用，这种传承了几代的国民品牌在日本屈指可数。Bisco饼干正是有了80多年历史的积累才能获得几代日本人的支持。

明治保加利亚式酸奶 / 明治

全新的品牌象征

流行

改变的设计

背景图案

产品背景图案经历了两条水平线、渐变色水平线、斜线、倾斜的椭圆形图案四个阶段

不变

不变的设计

品牌色彩

在保加利亚式酸奶面世之前，酸奶产品的包装多是绿色的，而保加利亚式酸奶独树一帜采用了蓝色包装，并且将蓝色的包装色彩一直沿用至今

诞生	1973年
设计者	明治公司、Grabis International公司
特点	日本首款自然发酵凝固型无糖原味酸奶。日本酸奶市场头号品牌，约占日本家庭酸奶市场三成

更加有机的整体

1981

1991

1996

2003

品牌 Logo 的背景图案不断改进。最初的 Logo 背景图案只是简单的两条直线，随后变成了渐变色线条，接着又变成了更具活力的渐变色斜线。现在的背景图案是自然生动的倾斜的椭圆图案

清爽的蓝色

1981

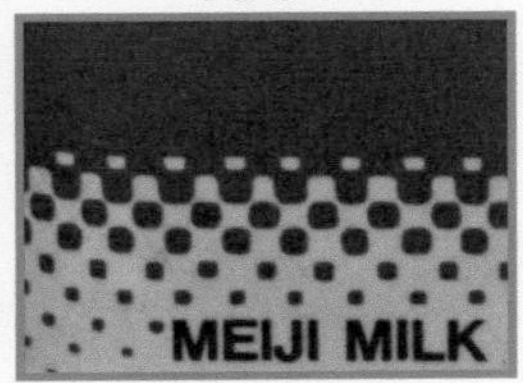

1991

1996

2003

蓝色的品牌色代表酸奶的清爽口感。虽然历代产品包装中细节部分的蓝色深浅程度各异，但整体的品牌蓝从未改变

“明治原味酸奶”发售。这是日本首款自然发酵凝固型无糖酸奶

1972年5月获得保加利亚政府许可后，从1973年12月起将产品改名为“明治保加利亚式酸奶”

诞生于1973年的明治保加利亚式酸奶是日本酸奶市场的头号品牌，市场占有率达30%。在它诞生之前，日本市场上的酸奶都是通过添加砂糖来增加商品甜度，添加明胶或琼胶来凝固酸奶的。

世博会上邂逅的正宗味道

明治保加利亚式酸奶是日本首款自然发酵凝固型的原味酸奶，其诞生的契机是1970年的大阪世博会。

1970年是日本第一次举办世博会，也是当时史上规模最大的一届世博会。77个国家和4个国际机构参加了这届世博会，其中就包括保加利亚共和国。明治员工在“保加利亚馆”试吃到美味的酸奶后立志要让更多的日本人品尝到这种酸奶。他们为了再现正宗的保加利亚酸奶的味道，仔细研究带回去的样品，甚至几度赴欧。1年后的1971年终于开始面向市场销售“明治纯味酸奶”。这时明治乳业仍未获得使用“保加利亚”国名作为商品名的许可。

但这款日本首款纯味酸奶在问世之初销路并不理想，甚至还不断接到“酸奶太酸了完全无法下咽”“这酸奶是不是坏了?”等各种投诉。在这种情况下这款酸奶面临着随时停产的危险。

但是明治员工并未放弃。他们坚持“这才是正宗酸奶的味道，无

接下页

增加乳酸菌种类。除了嗜热链球菌和保加利亚杆菌外，在包装上注明了新添加的第三种菌类——“LB51菌”

原装包装方便酸奶的取用和保存

论如何也想要将正宗的保加利亚酸奶带到日本国民的餐桌上”，并反复向保加利亚政府和大使馆申请保加利亚国名的使用许可，但是这一过程却历经曲折。

保加利亚在历史上曾多次被大国统治。酸奶是历经苦难的保加利亚人民一直引以为傲并传承下来的民族财产。对于这种民族的荣耀，即便仅是国家的名字，他们也不会让给其他国家使用，更何况当时的日本还是一个遥远东方的战败国。

明治乳业告诉保加利亚共和国他们不仅是为了一个印象才要使用保加利亚的国名，更希望的是生产出和保加利亚的酸奶相同的美味。他们还邀请了保加利亚大使参观工厂。最终，明治员工的热情打动了保加利亚政府，明治乳业获得了保加利亚国名的使用许可，1973 年重

改变背景图案设计。将两条水平线条改成渐变色线条

新命名的明治保加利亚式酸奶得以重新面世。

产品最初的包装是和牛奶相同的方形纸盒，但是纸盒上端收窄的形状不方便取用半固体的酸奶，于是在 1981 年设计人员设计了现在的全开型包装瓶和塑料瓶。全新的包装瓶既方便酸奶取用也方便消费者打开包装后再重新盖上瓶盖。此外，明治公司还在每瓶酸奶上附赠一袋砂糖，早期的袋装砂糖粘在纸盒包装外侧，既不美观也不方便。包装升级后的砂糖藏在瓶盖里面，砂糖由促销品变为产品的一部分。

明治保加利亚式酸奶经历了从产品滞销到逐渐被消费者接受的过程，20 世纪 80 年代到 90 年代销量迅速扩大。

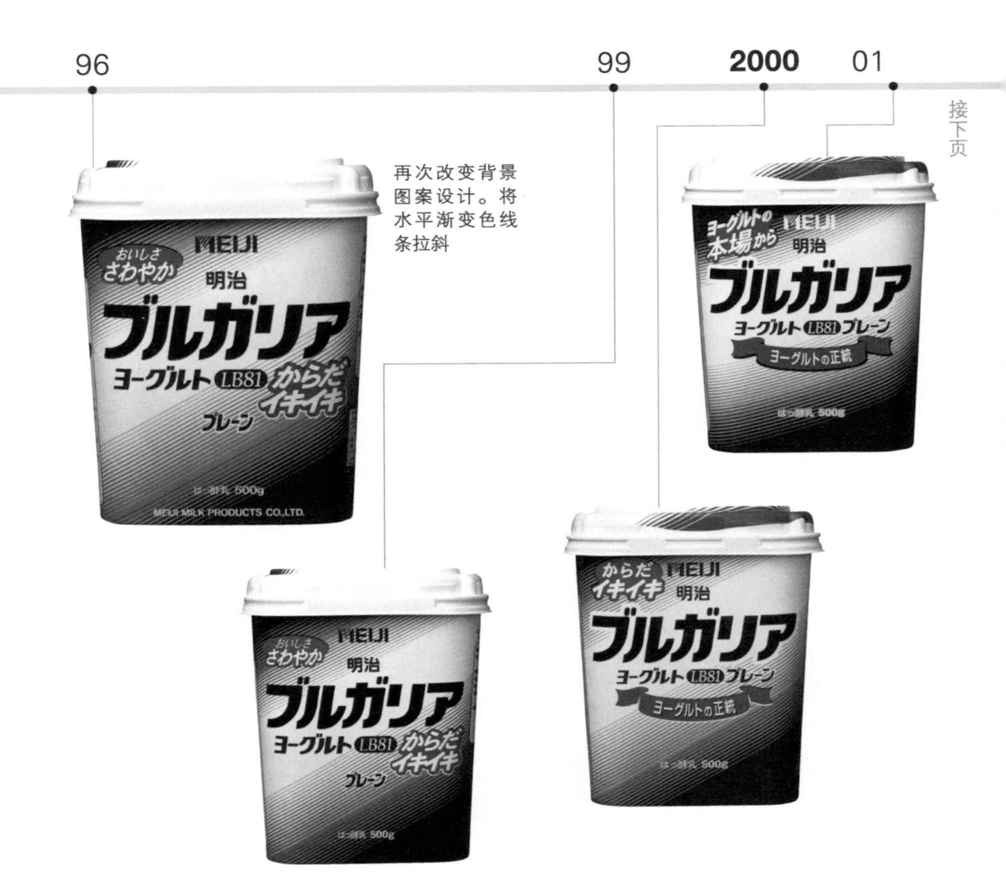

接下页

20 世纪 90 年代明治保加利亚式酸奶成了大热商品，在超市里摆架数量大幅增加。为了使明治酸奶从货架上众多商品中脱颖而出，1996 年设计人员将设计上的渐变色水平线条变成斜线条。

2003 年渐变色的斜线条又变成了倾斜的椭圆形图案。根据该公司的市场调查结果显示，保加利亚式酸奶与其他品牌酸奶相比给消费者留下了“正统”“纯天然”的形象，所以设计者为了进一步加深产品纯天然的形象，将包装上的直线变成了曲线。

全新的形象

2003 年升级的椭圆形图案也和之前的渐变色线条的结构相同，由

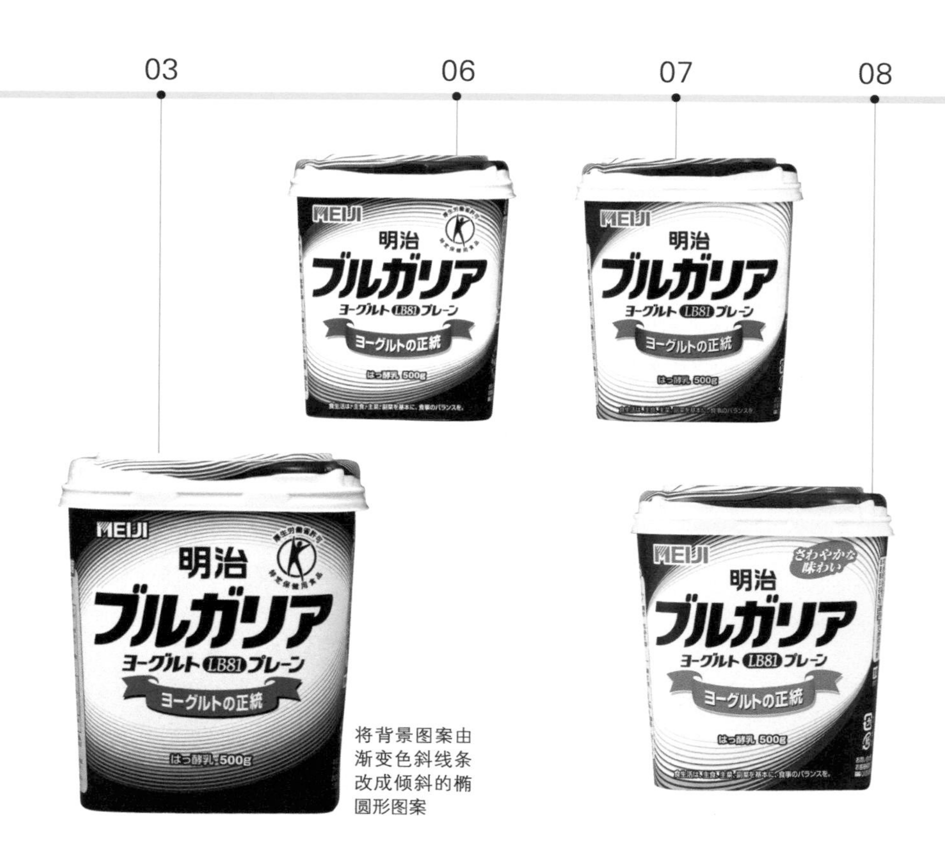

将背景图案由渐变色斜线条改成倾斜的椭圆形图案

保加利亚式果味酸奶

果味酸奶就是在酸奶中添加果汁和果肉。2012 年以前明治公司为了保证产品包装的辨识度，将果味酸奶包装上的椭圆形背景图案外侧一律设计成蓝色，所以果味酸奶的包装从外观上和原味酸奶区别不大。但随后明治公司认识到产品代表性的椭圆形图案就足以帮助消费者从众多酸奶产品中辨别出明治保加利亚式酸奶了，所以在新的包装升级中将椭圆外侧的颜色换成相应水果的颜色，更具写实感的包装更能吸引消费者目光

09 **10** 12

明治乳业和明治糖果合并成立新的明治公司。企业 Logo 发生变化

渐变色线条简单化。商品瓶盖由白色变成蓝色，和瓶身颜色保持统一

中间白、周边蓝的多条深浅渐变的曲线构成。但是到了 2012 年，为了进一步强调商品的天然纯正，最新包装上的曲线减少至仅剩三条。考虑到一次性大量减少曲线数量会让消费者不适应，明治公司进行了 6 次产品包装升级，逐渐减少曲线数量。

明治保加利亚式酸奶的包装设计既保持了品牌的形象识别度，又满足了消费者需求。现在包装上椭圆形背景已经成为明治保加利亚式酸奶的新的品牌象征。

梦咖喱 / 大冢食品

不用等到三分钟的聪明包

流行

改变的设计

软罐头聪明包

商品从“隔水加热”变成“微波炉加热”，实现这一跨越的就是聪明包的不断革新

不变

不变的设计

品牌Logo

不论是梦咖喱的产品包装还是街头的搪瓷广告牌上使用的品牌Logo从未改变

調理例
開封口
レンジ2分で、おいしい。
ボンカレー®
ゴールド
フタを開けて、
箱ごと2分
出力500Wの場合
180g/1人分

不变

不变的设计

三重圆

说起梦咖喱的包装很多人立刻就会想起包装上的“和服女子”。不过现在的主力商品“梦咖喱黄金版”的象征是三重圆

诞生	1968年
设计者	大冢食品市场部
特点	世界首款面向普通市场的软罐头装咖喱饭，开创了只需热水三分钟就能吃到美味咖喱饭的时代。现在公司的主力商品“梦咖喱黄金版”用微波炉加热两分钟即可享用

从隔水加热到微波炉加热

梦咖喱面世一年后开始使用铝箔材质的聪明包，与透明材质的聪明包相比铝箔材质遮光性和空气阻隔功能更好，这大大延长了商品的保质期。2009 年问世的“梦咖喱 NEO 版”则可以用微波炉加热。聪明包折叠部分设计了蒸汽口，经微波炉加热聪明包内部气压上升后蒸汽口就会自动打开释放气压，纸盒封口挡住了聪明包内喷出的食物，所以不会弄脏微波炉。2013 年全新升级的“梦咖喱黄金版”则采用了更简单的设计释放气压。聪明包右上角有一个小洞，小洞内外层都有一层薄膜，随着产品加热气压增大，薄膜会逐渐脱落，当气压到达小洞后，蒸汽就会完全释放。为了不弄脏微波炉，设计人员特意将小洞设计在纸盒靠里的位置

1969

2009

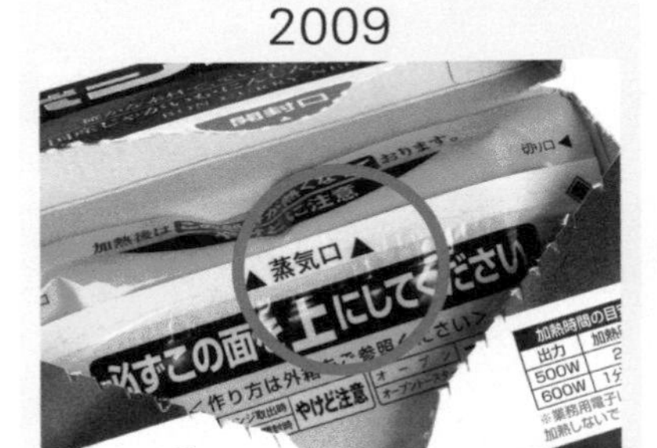

2013

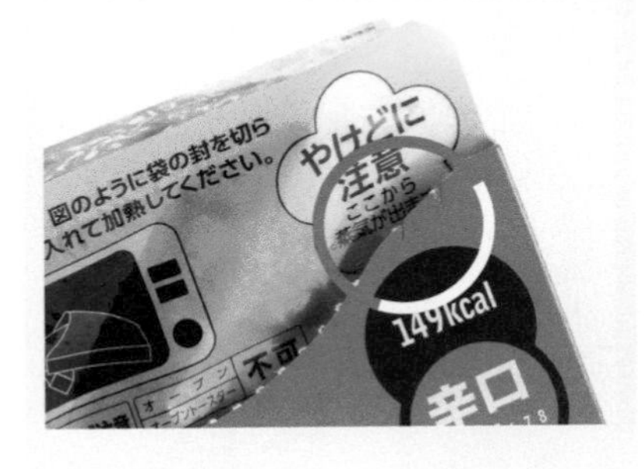

始终如一的字体设计

1969

2009

2013

梦咖喱系列现有三种产品。分别是“梦咖喱普通版”“梦咖喱黄金版”“梦咖喱 NEO 版”。每种产品名称的字体一致，保证了系列产品的整体性

接下页

1968 69 **70**

梦咖喱

产品包装盒上女星松山容子微笑着手拿聪明包。这一包装设计结构基本沿用至今

聪明包材料变成了铝箔材质，所以包装盒上女星手里拿的聪明包也变成了最新版

美味的标志

1978

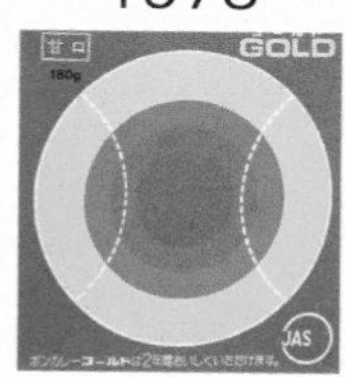

1989

2009

2013

诞生于1978年的主力商品“梦咖喱黄金版”包装上的三重圆代表三重美味。虽然产品包装每隔十年都会更新换代，圆圈颜色和大小都有所变化，但三重圆这个标志一直保留至今

78 **80** 89 **90**

接下页

梦咖喱黄金版

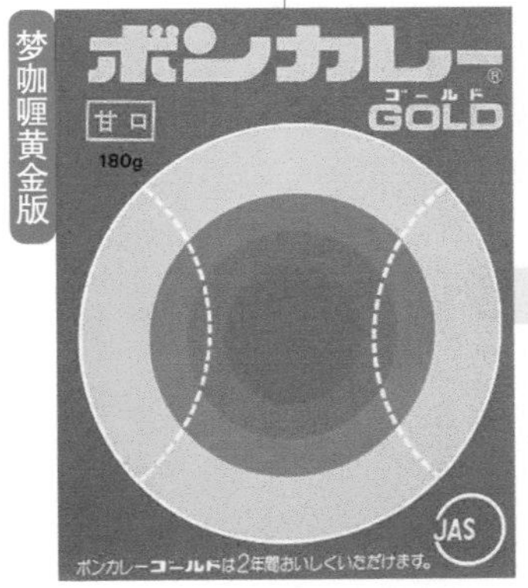

更加符合现代人口味的“梦咖喱黄金版”面世。三重圆代表“三重美味”

由180克加量到200克的“梦咖喱200版”问世。三重圆外的类似于土星轨道的圆环意为“更加美味”

咖喱饭是日本的国民美食，大冢食品公司则让这款美食的食用过程变得更方便快捷。从1968年大冢食品工业（当时）开始销售世界首款软罐头装咖喱饭，到该产品诞生45周年的2013年，产品的累计销量超过了25亿份。

第一代产品中的聪明包是透明材质，难以有效阻隔空气，食品在光照和氧气作用下很快失去原有味道，所以商品保质期冬季为三个月，夏季只有两个月。

2000 01

梦咖喱

梦咖喱黄金版

进入 21 世纪后，加量到 210 克的“梦咖喱 210 版”问世。3D 版三重圆更具现代感

5年实现年销量1亿份

梦咖喱的生产工厂位于德岛县，过去因为保质期短，所以梦咖喱只在大阪、神户等关西地区销售。为了解决这个难题，大冢食品公司的员工经过不断实验终于在一年后的1969年开发出树脂薄膜加铝箔材质的聪明包。新包装有效阻隔了光照和氧气作用，商品保质期延长至两年，梦咖喱终于成功打入全国市场。

梦咖喱邀请了当时著名的女演员松山容子出演电视广告，她的照

09 **10** 13

旧包装的梦咖喱产品现只在冲绳地区销售。因为梦咖喱的这个口味很受冲绳人欢迎

“梦咖喱黄金版”也可以直接微波炉加热。梦咖喱问世后一直都用红、橙、黄分别表示甜味，微辣和辣味，但因为红色更容易让消费者联想到辣味，所以黄金版的包装将红色和黄色进行了互换

梦咖喱NEO版

美味升级的“梦咖喱NEO版”登场。梦咖喱系列产品包装上首次使用咖喱的写实照片。新产品的聪明包可以直接微波炉加热

极具时代印记的梦咖喱广告

搪瓷广告牌是梦咖喱重要的宣传媒介。当时全国约 9.5 万个搪瓷广告牌全部被梦咖喱销售人员贴上广告。现在我们仍能在一些老建筑外墙上看见梦咖喱的广告。这是一个时代的印记，能够不断勾起人们的怀旧感。1972 年由笑福亭仁鹤主演的梦咖喱电视广告改编自当时大热的历史剧《带子熊狼》。广告中模仿电视剧台词的“大五郎，要等三分钟哟”“真是个耐心的孩子”这两句台词由此大热

片也印制在产品包装上，成为梦咖喱的招牌。1973 年梦咖喱年销售量超过 1 亿份，在不断扩展新市场的同时梦咖喱也遇到了更多竞争对手。为了与竞争对手抗衡，同时也为了适应日本人口味的新变化，1978 年“梦咖喱黄金版”应运而生。

梦咖喱普通版中用面粉勾芡的黄色咖喱能够勾起日本国民的味觉记忆，而梦咖喱黄金版中则加入各种香料和水果，通过改变食材成分适应现代日本人的口味。梦咖喱黄金版逐渐取代梦咖喱普通版成为主力商品。

“要等三分钟哟”已经成为过去时

梦咖喱黄金版的包装使用了三重圆的标志。销售之初邀请棒球运动员王贞治出演电视广告，因为包装盒上的三重圆能使消费者联想到棒球。此后梦咖喱每隔 10 年左右就会升级一次设计，但三重圆的标志一直保留至今。

梦咖喱普通版也在 2003 年升级。改良聪明包后产品可以直接在微波炉中加热。改良后的梦咖喱普通版售价略高于黄金版，为 200 日元。2009 年沿用改良版聪明包、美味升级的“梦咖喱 NEO 版”诞生。这两个版本产品的聪明包在微波炉中加热时随着气压上升聪明包上的蒸汽口会自动打开，包内的气压也就随之释放。但是这种设计成本较高，所以厂家建议零售价格是 262 日元，售价仅为 168 日元的梦咖喱黄金版无法承担这个设计成本。

终于在 2013 年梦咖喱黄金版也升级到可以用微波炉加热。升级后的黄金版使用了比梦咖喱 NEO 版更简单的设计来释放聪明包内的气压。过去的梦咖喱产品虽然隔水加热只需三分钟，但是算上煮开水的时间就是三分钟的好几倍了。如今的产品只需微波炉加热两分钟就能享用到美味咖喱饭。包装的不断改进让梦咖喱更贴近我们的生活。

加纳牛奶巧克力 / 乐天

销量登顶的红色包装

流行

改变的设计

Logo 大小和位置

品牌 Logo 随着包装升级不断放大

不变

不变的设计

颜色和形状

品牌标志性红色 + 梯形包装盒 +Logo 的压纹加工从未改变

诞生	1964 年
设计者	乐天商品开发部　设计企划室
净含量	58 克
特点	巧克力界的“后起之秀”。2008 年度销量在日本同类巧克力商品中排名第一。芳醇可可和浓醇牛奶搭配，浓香润滑

品牌Logo大升级

1974

1994

加纳牛奶巧克力在销售30年成功稳定市场后，开始进行全面的包装升级。升级中将品牌特征进一步渗透到商品包装中，将品牌Logo移至包装中间，字体放大。

❶ 加纳红

商品的红色包装自销售初就一直未变。店内货架上的这抹“加纳红”时刻吸引着消费者目光

❸ 梯形包装盒

梯形巧克力和梯形包装盒都是产品的品牌象征。虽然产品曾短暂使用过长方形的包装盒，但不久后又恢复为梯形包装盒

❷ 压纹工艺 × 金色

压纹工艺和金色商品名的组合凸显产品特征

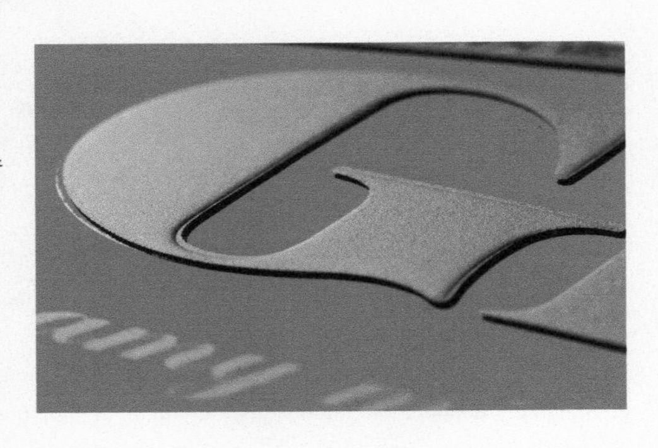

1964

瑞士口味

诞生至今从未改变的红色包装。包装纸上大幅的可可豆插图强调产品原料的纯正地道。售价分为30日元和50日元两种

1974

美味巧克力只在乐天加纳

商品价格调整为100日元，包装纸面积增大，与商品贴合度提高。品牌Logo放大，存在感大大提升

1994

加纳巧克力拉近我和妈妈的距离——时刻在身边

第一次包装设计升级

第一次全面包装升级。品牌Logo移至包装中心位置，字体进一步放大。包装纸变为纸盒包装，方便携带

接下页

“美味恋人”是乐天公司著名的广告词。该公司的“加纳牛奶巧克力”（以下简称为加纳巧克力）自1964年销售以来畅销半个世纪。虽然加纳巧克力已有50多年的历史，但它其实是巧克力领域的“后起之秀”。在创立于1918年的“森永牛奶巧克力”和诞生于1928年的“明治巧克力”垄断的巧克力市场，加纳巧克力是如何占得一席之地的呢？

红色包装的坚持

揭开这个谜底的关键就是我们熟悉的加纳红包装。直指巧克力市场的加纳巧克力的包装深深地打上了加纳巧克力的产品烙印。

创立于1948年的乐天公司是口香糖制造商。20世纪60年代前期乐天公司瞄准了新的领域——巧克力。当时日本的巧克力市场已有其他公司涉足，这些公司的产品采用的都是茶色包装。乐天为了凸显自己的巧克力产品就使用了沿用至今的红色包装。这种刺激消费者食欲的华丽色彩被称为“加纳红”，在日本经济高速发展的20世纪六七十年代格外亮眼。

为了和其他公司清甜口味的巧克力产品竞争，加纳巧克力销售初期采用了“瑞士口味”的宣传词。

为了在日本重现牛奶巧克力发源地瑞士巧克力的醇香，乐天聘请瑞士巧克力制作师调制出独特的巧克力口味。乐天公司使用低酸清甜高品质的加纳产的可可，并且派员工前往可可豆产地确认原材料品质，采用独创烘烤技术再现可可味道和品质。

红色包装、金色字体、可可豆插图都体现了乐天公司对加纳巧克力纯正味道的自信和执着。乐天公司把握住了进军巧克力市场的机会，用这一系列包装设计元素营造出产品的品质感。

虽然包装上的压纹加工肉眼看着不明显，但这也是提高产品档次的设计之一。立体感的产品名称在塑造产品高档感的同时还提高了辨识度。虽然这些设计都颇费成本，但是它们都已成为加纳巧克力的身份象征并保留至今。

1998

更浓厚香醇

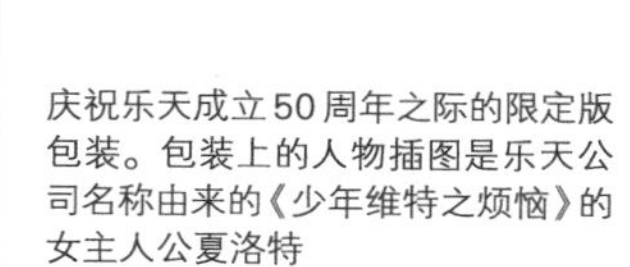

庆祝乐天成立50周年之际的限定版包装。包装上的人物插图是乐天公司名称由来的《少年维特之烦恼》的女主人公夏洛特

1999

包装的显著位置印制有产品名称由来的可可原产国——加纳国的邮票

2000

包装上印有以可可为原型的信封封蜡模样的图案

接下页

梯形包装也是从未改变的设计元素，这种包装是为了贴合加纳巧克力独特的商品形状而设计的。20世纪90年代产品包装由纸质包装替换为纸盒装时曾短暂地使用过长方形纸盒。但是这种改变被认为失去了加纳巧克力的特色，所以很快又恢复成了梯形。另外，纸盒包装比纸质包装更易保存，盒内的巧克力不易破碎。在1994年包装进行升级时就更换为了纸盒并沿用至今。

面世以后使用了数十年的一系列包装设计作为加纳巧克力的身份象征逐渐固定下来，但另一方面加纳巧克力的品牌Logo设计却发生了巨大变化。

1994年的全面升级

1994年产品包装第一次全面升级时品牌Logo字体加粗放大，并且移到了包装盒的正中位置。拥有30年历史、终于在畅销品市场占有一席之地的加纳巧克力的全新包装就这样在1994年全面诞生了。

掌管乐天旗下所有产品设计的商品开发部设计企划室室长宗则洋之认为“现在加纳巧克力的高级感和品质感已经扎根于消费者心中了，所以要缩小可可的插图，将设计重点放在品牌Logo上。随着产品的不断发展，包装所发挥的作用也应随之变化。”所以位于包装盒中心位置的品牌Logo逐渐承担起了提升品牌知名度的重任。

乐天公司成立50周年之际推出的限定版加纳巧克力的包装是一个回归初心的设计，这个设计再次凸显出乐天公司对于巧克力生产的执着与追求。乐天公司的名称取名于《少年维特之烦恼》的女主人公夏洛特，所以限定版的包装就以这部小说为主题进行设计。随后1999年的加纳邮票图案、2000年的信封封蜡图案相继出现在产品包装上，而从1964年销售以来就从未变动过的可可图案则继续彰显着加纳巧克力对纯正巧克力口味的执着。

2003年乐天公司对加纳巧克力进行第二次全面升级。升级后包装更加简洁，更具现代感。Logo下方

2003

40周年。40年的岁月让产品更美味

第二次全面包装升级。设计更简单更具现代感。加纳红更加鲜艳

2011

传递心意——加纳红

包装进行了小幅调整。为了让产品在货架上更醒目，将品牌Logo稍稍上移。售价仍为100日元（不含税）

的英文介绍减少，只留下“New Standard Chocolate”一行字。负责设计的宗则洋之表示此时加纳巧克力的目标是成为巧克力领域的标杆性商品。这次的包装升级也暗含了加纳巧克力与时俱进的意味。

与时俱进的“加纳红”

第二次产品包装全面升级时“加纳红”发生了一些改变。为了吸引消费者目光，包装使用了更鲜亮的红色。作出这一变动的原因之一是货架上五颜六色的产品增多了。随着时代的发展，长期畅销品也会遇到竞争对手，所以这些产品需要及时调整自己的包装设计。跟随时代脚步不断进步又不失个性正是加纳巧克力长盛不衰的秘诀所在。

2011年，产品设计又发生了小规模变动。乐天商品开发部巧克力品牌企划室的原贵幸表示：“不仅是包装，产品本身也在不断变化。”与商品诞生时期相比，升级后的产品中巧克力中的可可含量不断增加。过去消费者喜爱香甜奶糖，如今消费者追求的是纯正可可的味道，这种口味上的变化激励着产品不断革新。

经过第二次包装升级，加纳巧克力在销售44年后终于在2008年成为巧克力产品年均销量第一，这一傲人成绩一直保持至今。加纳巧克力包装的变化体现着乐天人领先时代的追求。大红色的包装和“美味恋人”的宣传语一起成长为乐天公司的象征。

Clorets（嘉绿仙）口香糖 / 亿滋日本

变化的设计、不变的清新感

流行

改变的设计

绿色

绿色是叶绿素的色彩，代表清新口气

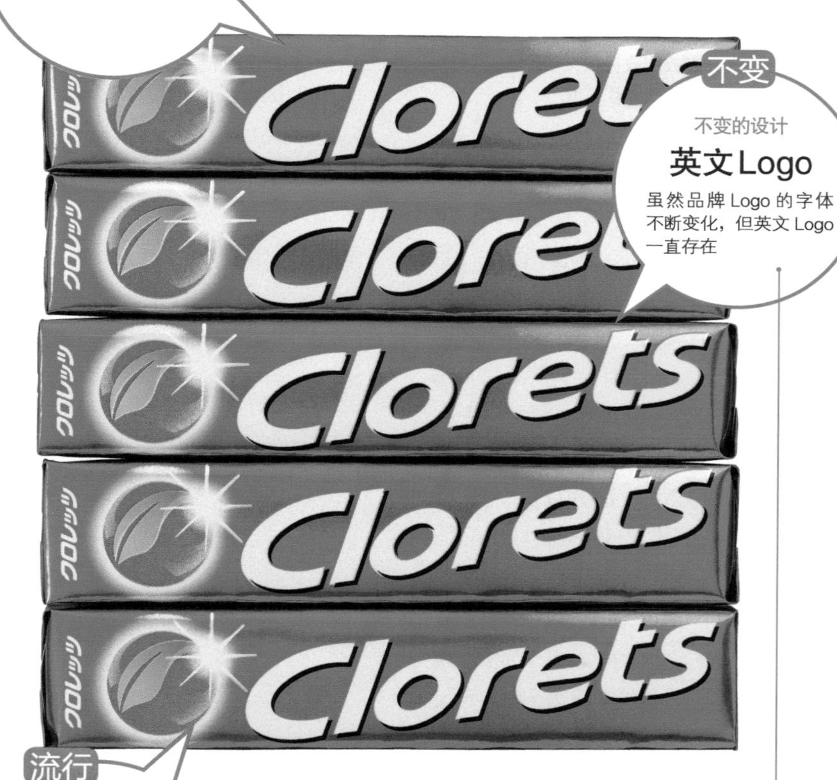

不变

不变的设计

英文Logo

虽然品牌Logo的字体不断变化，但英文Logo一直存在

流行

改变的设计

标志

从十字到薄荷，每个产品标志都代表了不同时代的产品宣传重点

诞生	1985年
设计者	亿滋日本市场部
特征	世界首款长条形独立包装的粒状口香糖。该产品的问世使粒状口香糖取代板式口香糖成为市场主流

※2013年7月原日本卡夫食品更名为亿滋日本

更加明亮鲜艳的色彩

产品早期使用墨绿色是为了表示产品中含有叶绿素的功效。之后使用过亮绿色和带有金属感的渐变绿色。为了呈现出产品的清爽感觉，包装上不断尝试各种绿色

1985

1997

2002

2013

从第一代产品沿袭至今的斜体字

1997 年产品升级时产品名称的字体发生了很大改变。此后产品名称的字体虽在细节处有所调整，但基本框架不变，倾斜的字体也从第一代产品沿用至今

从效果到形象

1985

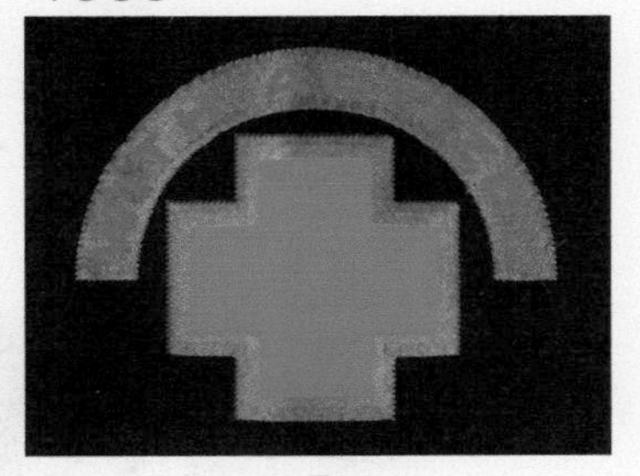

2008

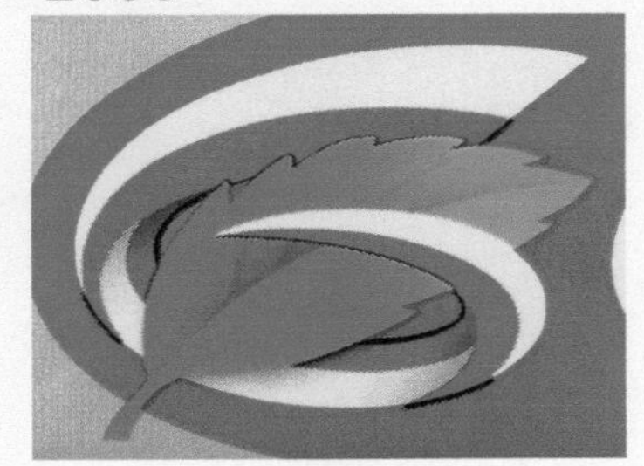

2013

1985 年产品包装上的绿十字标志代表产品清新口气的功效。2005 年薄荷叶标志取代了绿十字。2008 年产品升级后包装更为简洁，为了配合新包装的简洁有力感，产品使用了更加动感的标志。2013 年开始使用的圆球图案更能吸引消费者眼球

Clorets 在日本面世。这是世界首款条形独立包装口香糖

Clorets板式口香糖面世

现在口香糖市场的主流产品是粒状口香糖，但曾经的市场主流却是板式口香糖，过去人们说起粒状口香糖只会想起杂货店里卖给孩子的 10 日元廉价口香糖。1985 年世界首款长条形独立包装的粒状口香糖由当时的美国华纳兰伯特有限公司生产销售，这款口香糖就是 Clorets。

战后日本的口香糖生产销售商包括乐天公司等多家企业，Clorets 属于后起之秀。生产销售粒状口香糖是为了在板式口香糖占主流的口香糖市场占有一席之地。

在产品包装正面强调产品功效是 Clorets 的设计策略之一。第一代产品包装上就明确标注了产品能够

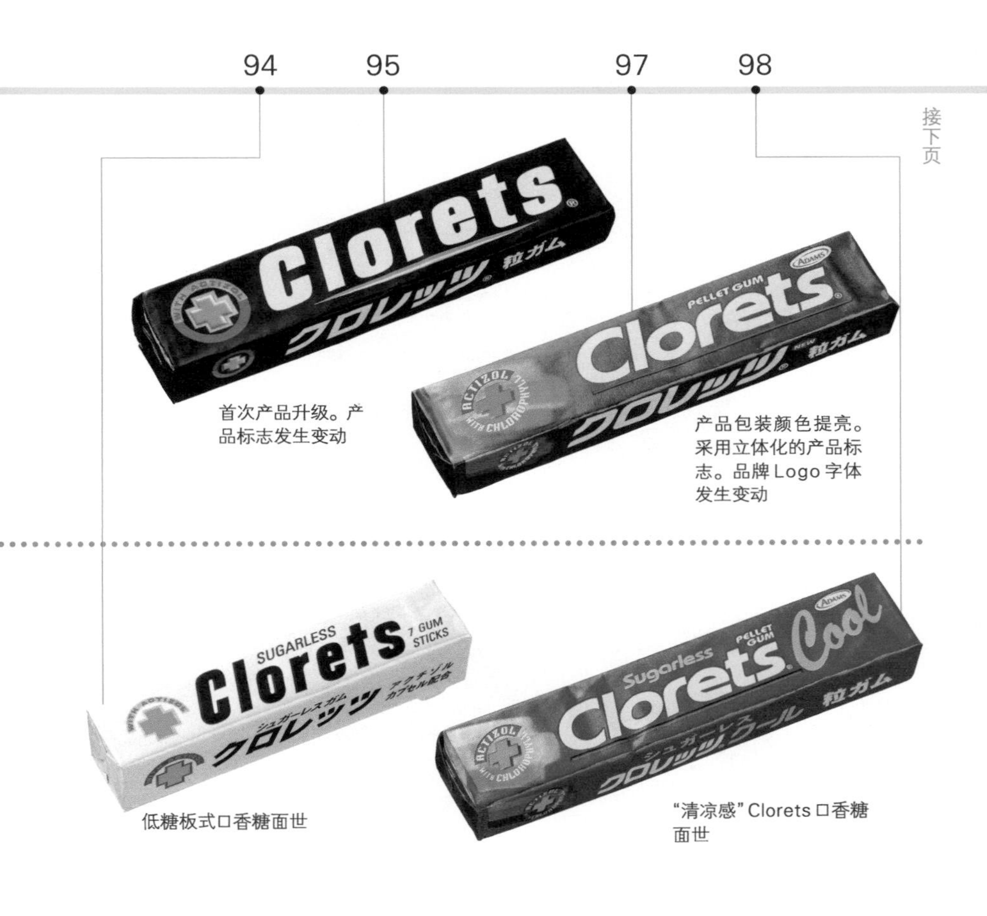

首次产品升级。产品标志发生变动

产品包装颜色提亮。采用立体化的产品标志。品牌 Logo 字体发生变动

低糖板式口香糖面世

“清凉感” Clorets 口香糖面世

接下页

清新口气的功效。代表叶绿素的深绿色和浅绿色十字让消费者联想到药店和医疗机构。绿色和英文 Logo 的组合作为 Clorets 的标志一直使用至今。

当时口香糖市场新产品不多，所以 Clorets 在面世 10 年间从未改变过包装。

包装无升级的头十年

Clorets 第一次设计升级是在 1995 年，但这次升级基本沿用了旧设计，只在细节处进行了小规模变动。到了 1997 年第二次包装升级时，为了从整体上营造清新的产品形象，设计人员使用了更明亮的绿

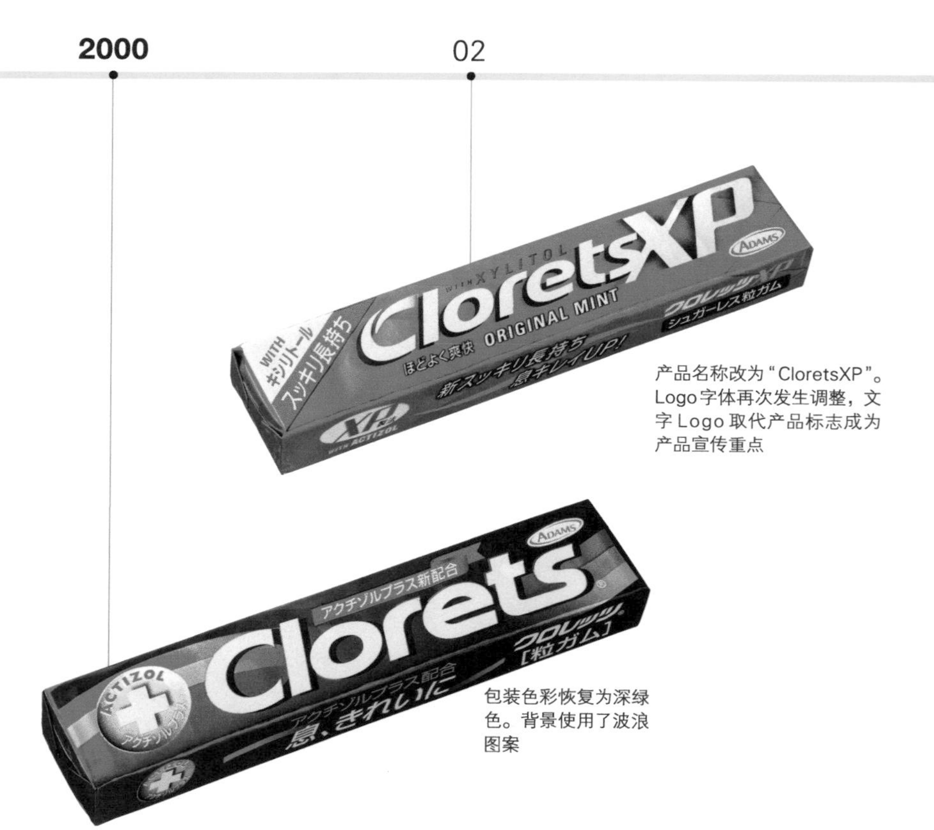

产品名称改为"CloretsXP"。Logo字体再次发生调整，文字Logo取代产品标志成为产品宣传重点

包装色彩恢复为深绿色。背景使用了波浪图案

色背景色。之所以作出这个调整，是因为亿滋公司认为树立品牌的第一阶段已经结束，Clorets 已经进入强化品牌形象的第二阶段。

2000 年，产品设计再次回归功能性诉求，除了包装颜色恢复到深绿色外，还添加了可以让人联想到空气流动感的银色波纹背景。因为之前电视广告的长期宣传使产品形象逐渐偏离其功能性的卖点，所以 2000 年的设计升级可以说是一次回归初心的变动。

2002 年产品生产技术取得很大进展。产品成分得到改良，清新口味的持续时间延长。2002 年开始产品中添加了木糖醇，成为低糖口香糖。产品名也由此改为"CloretsXP"。XP 为 Extra Performance 的意思。变更

ClorestsXP中的XP两个字母缩小，着重强调产品名称

采用薄荷叶和圆形组合的产品标志

白色色块增加了包装的时尚感。使用了更具动感的产品标志

接下页

全新包装的正面除产品名称外没有其他文字。新的包装非常符合口香糖小巧便携的特点

Logo 和产品标志左右位置恢复。斜体的产品名称使产品陈列在货架上时更醒目

Logo 和产品标志调换了左右位置。品牌 Logo 中的 XP 两个字母消失

商品名后为了带给消费者焕然一新的印象，产品包装使用了全新的绿色和醒目的红色。

但是 XP 这两个字母在之后的包装升级中逐渐缩小，到 2010 年就完全从 Logo 中消失了。

活跃的市场和频繁的设计升级

实际上现在 Clorets 的全名仍然是“CloretsXP”，不过 XP 两个字母被挪到了包装侧面。因为 XP 所代表的技术创新已完全渗透到产品中，所以产品名称中就无需再出现 XP 这两个字母了。

2010 年 Clorets 的品牌 Logo 和

Clorets电视广告变迁

Clorets为了宣传产品清新口气的特点，将广告情节设定为男女主人公在接吻前食用Clorets，广告播出后带动产品大热。2008年亿滋公司邀请人气演员玉木宏担任Clorets代言人

标志左右位置发生调换。其他公司产品多是标志在左、Logo在右，而Clorets标新立异，反其道而行。但是2013年的包装中又恢复Logo和标志的左右位置。因为原先的排列方式更自然、更易于理解。

Clorets的包装在最初10年没有进行过升级，之后因为新产品层出不穷，市场更加活跃，竞争更加激烈，产品开始每隔1～2年便升级一次。在商品形状不易改变，包装面积受限等各种条件制约下，怎样从众多竞争对手中脱颖而出、怎样宣传产品？Clorets在这条道路上仍面临着多重挑战。

热香饼蛋糕粉 / 森永制果

用照片传递美味

流行

改变的设计

Logo图案

1986 年起白色天使标志出现在包装上。标志性的图案使商品从超市货架上的众多商品中脱颖而出

流行

改变的设计

盒装到袋装

产品从纸盒包装过渡为袋装。现在热香饼蛋糕粉旗下的主力商品——经济装里装有 4 袋 150 克的小包装

不变

不变的设计

热香饼的写实照片

从产品销售之初就印制在包装上的热香饼写实照片带来无限美味联想。照片中热香饼上的果酱和黄油也是固定搭配

诞生	1957 年
设计者	森永制果　产品计划部　设计室
净含量	600 克(150 克 ×4 袋)
特征	日本市场上热香饼蛋糕粉的头号品牌。将产品和鸡蛋、牛奶等原料搅拌、煎制后即可食用。简单易食的优点和不断改良的口味使其获得了消费者的长期支持

从“森永”到天使

1957

1965

1971

1986

产品每次升级都非常注重对品牌的强调。1965年品牌名“森永”二字的背景是红色长方形，1971年长方形变为梯形。1986年产品诞生30周年时，“森永”二字被白色天使标志替代，由此白色天使标志和红色梯形的组合成为品牌象征，而消费者看到这个组合图案就知道这是森永公司的热香饼蛋糕粉

袋装热香饼蛋糕粉成为主力商品

1989

1990

1996

袋装热香饼蛋糕粉诞生于1989年。最初的包装袋上印有儿童图案，但从1991年开始盒装和袋装图案设计统一。随后物美价廉的袋装取代了纸盒装并逐渐成为主力商品。盒装里装有2袋150克小包装，而袋装里则是4袋150克小包装（始于2009年）。目前盒装蛋糕粉虽然仍然在市场上流通，但只限于特定场合

接下页

用照片不断传递美味

5片

4片

3片

2片

森永热香饼蛋糕粉从面世起就在包装的正中间使用大幅的热香饼写实照片展现产品的美味。有意思的是几十年间照片上热香饼的数量在不断减少。销售初期的照片上是5片热香饼，到了2006年秋天就减至成人一次食用量的两片。虽然热香饼的数量减少了，但是每片热香饼更加松软，看上去更加美味

1957

热香饼尚未在日本流行，森永热香饼蛋糕粉的诞生开启了日本人在家中享用西餐的时代。当时的产品名称为“热香饼素”

注：红色的使用随年份而变化

1959

产品更名为“热香饼蛋糕粉”。包装上的背景图案是用蛋糕粉制作的甜甜圈和杯形蛋糕

1961

包装盒侧面的天使标志出现在包装盒的正面。天使标志和“森永”二字共同肩负起产品宣传的重任。此时的天使标志已是第六代

接下页

在日本恐怕没有比热香饼更为普通家庭所熟知的手工糕点了。想要轻松制作出热香饼就需要热香饼蛋糕粉，将蛋糕粉与鸡蛋、牛奶搅拌后用平底锅煎制后美味的热香饼就可以出锅了。

1957年森永制果首次销售热香饼蛋糕粉（当时的产品名称为热香饼素），当时日本民众对于热香饼这个名词还很陌生。但随后森永牌热香饼蛋糕粉逐渐被民众接受、喜爱，并且发展成国内同类产品的头号品牌。1976年起森永牌热香饼蛋糕粉坐上了同类产品市场份额的头把交椅，至今已雄霸市场30多年。森永牌热香饼蛋糕粉的历史和销售业绩

1965

“森永”二字变为白色，字体放大，字的背景为长方形红色色块。天使标志移到了包装盒的左下方

1971

红色长方形变成梯形。白色文字Logo和红色梯形的组合诞生。热香饼的照片不断放大，照片背景是各种美味糕点

1986

产品诞生30周年。以往每次包装升级时都会放大的“森永”二字被天使标志所取代。梯形背景图案面积增大，Logo更加醒目

都使其无愧于长期畅销品的称号。

现在热香饼蛋糕粉包装的一大特点就是红色梯形和白色天使标志的组合。商店货架上的森永牌热香饼蛋糕粉通过这一标志性组合吸引着消费者的目光。

产品销售初期使用的“森永”二字在1986年换成了天使标志。因为在那年森永制果将天使标志定为企业的统一标志。改变产品标志初期，森永内部有人担心这种变动是否会影响产品销量，但事实证明更换标志后产品销量依然喜人。产品的另一个标志——红色梯形背景图案也从这一年起为消费者熟知。

美味联想的视觉冲击

热香饼蛋糕粉包装的另一个设

注：红色的使用随年份而变化

1989

袋装热香饼蛋糕粉面世。

2006

去掉了背景中的甜甜圈，将视觉重点集中到热香饼上。卡通天使插图和格子背景代表了制作热香饼时的欢乐

2011

卡通天使插图从包装上消失，包装正面增加了产品的文字说明。包装上的蓝色彩带内写着产品的宣传语“美味、快乐、健康”

计特点就是从产品销售之日起一直使用的热香饼照片。包装中间的大幅热香饼照片代表了产品的美味。照片上的热香饼数量从最初的 5 片逐渐减少，最新的包装照片上只保留了成人一次食用量的两片。

虽然照片上热香饼的数量减少了，但每片热香饼的厚度逐渐增加，产品更加松软，这正是产品品质不

天使标志的变迁

第一代（1905 年～）

第二代（1905 年～）

第三代（1920 年～）

断提升的表现。为了方便消费者用蛋糕粉轻松制作出更加美味松软的热香饼，森永制果每半年就对产品进行一次改良。为了让消费者享受更多制作热香饼的乐趣，产品品质在不断进步。

热香饼蛋糕粉销售半个世纪以来在包装上发生的最大变化就是由盒装变为袋装。诞生于 1989 年的袋装产品比内有两小袋的盒装产品更便宜，4 袋 150 克的实惠装颇受消费者欢迎。热香饼蛋糕粉逐渐成为大众商品，它不再只是想吃时才去买的商品，而是已经成为家中的常备食品，所以消费者需要更易保存的袋装包装。

近年来在家制作甜点成为流行时尚，所以热香饼蛋糕粉的需求量不断扩大，2011 年的市场规模比 2005 年增加了约 40%。

制作热香饼也成了一种人与人沟通的手段。父亲亲手为孩子制作

第四代（1927 年～）

第五代（1933 年～）

第六代（1951 年～）

第七代（1986 年～）

诞生于 1905 年，拥有 100 多年历史的天使标志（注册商标）是森永制果“美味、快乐、健康”的产品理念的象征。天使标志经过几代变迁，终于在 1986 年确定了如今的第七代图案。天使双手捧着的字母 M 意为森永制果创始人森永太一郎姓名的首字母

热香饼或者家长和孩子一起制作热香饼，享受制作糕点的过程成为家庭成员间重要的交流方法。2006 年的产品包装背景中使用的格子图案就代表亲手制作糕点的乐趣。

森永牌热香饼蛋糕粉从最初的新奇商品逐渐发展成如今的大众商品，在这个过程中，产品包装上的装帧设计完美诠释了产品对包装要求的不断变化。

洁霸 / 花王

创新和永不停止的改进

流行

改变的设计

包装

出于环保考虑将塑料包装换成纸盒包装，并且注重包装盒的回收处理

不变

不变的设计

设计核心

代表太阳光的日冕图案、大幅 Logo、洁霸绿这三个元素作为产品设计的核心，既紧跟时代步伐又一直保持其精髓不变

诞生	1987 年
设计者	花王制作中心包装制作部
大小	136 毫米 × 153 毫米 × 95 毫米（现在）
净含量	1.0 千克（现在）
特点	轻型衣物洗衣粉开创品牌。25 年间历经 20 多次产品升级，一直保持同类产品国内占有率第一的位置

出于环保考虑的包装改良

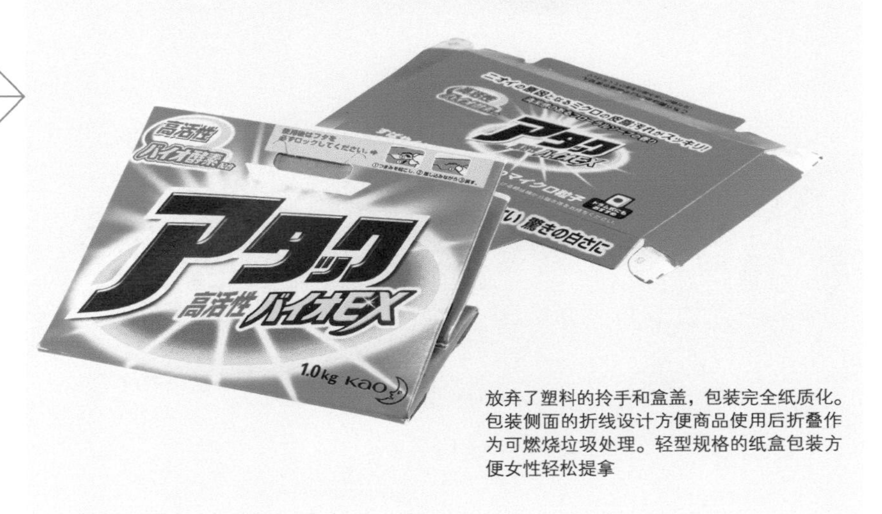

放弃了塑料的拎手和盒盖，包装完全纸质化。包装侧面的折线设计方便商品使用后折叠作为可燃烧垃圾处理。轻型规格的纸盒包装方便女性轻松提拿

设计核心❶ Logo+日冕

藏青蓝的Logo色彩虽几经变化，但分别代表太阳和日冕的黄橙色组合从未改变。黄橙色外的白色轮廓表示洗衣粉易溶解，四周散发的光芒则代表洗衣粉清透的洗净能力

设计核心❷ 洁霸绿

脂汚れがスッキリ!
ソープの香り

洁霸的绿色背景是产品的标志性色彩。出于店铺陈列和环境保护的考虑，洁霸绿的色度随着时代发展不断发生着细微变化。这抹背景绿甚至都没有固定的色号和颜色样板，体现了产品包装的灵活性

强调开发成果

使用日冕图案

1987

轻型包装（可使用60次）

1991

“新开发”产品的洗净能力增强

1993

设计核心之一的“日冕”图案确立

别具魅力的周年纪念商品包装

产品问世20周年（2007年）和25周年（2012年）之际，限量销售了印有白玫瑰图案的玫瑰香型的纪念装产品。纪念装既向消费者表达了谢意，也有助于促进卖场中的产品宣传活动

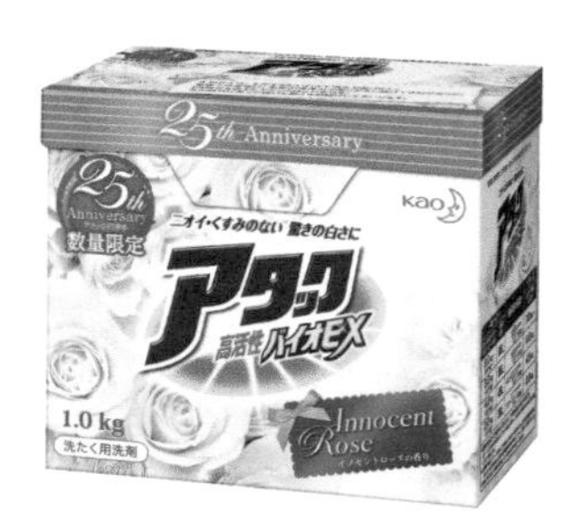

轻量化

1995

1997

2000

接下页

洗衣液投入市场。包装设计强调产品温和去渍能力和强效清洁能力

1.5千克包装减轻至1.2千克

包装上出现“净柔”“不褪色”的宣传文字

接下页

花王洁霸洗衣粉问世于1987年，其产品最大的特点是只需同类产品三分之一的用量即可洗净衣物。洁霸洗衣粉将当时市面流行的4千克装洗衣粉包装减少为1.5千克装。虽然重量减轻，但可用次数不变，所以这是一次洗衣粉产品的革新。关于产品的洗净能力，洁霸打出了“一勺洗衣粉带来惊人亮白”的广告词。经过一系列宣传后，产品中生物活性酶的强劲去渍力和轻型包装得到了消费者和店家的热烈欢迎，洁霸迅速抢占市场份额。

从未改变的设计核心

洁霸经过一步步努力逐渐发展

主打可以除味

2001

包装突出产品瞬间溶渍的特点

2004

用日冕图案表示洗衣粉的亮白功能

2005

大力宣传除臭和防臭功能

注重清除污垢与臭味

成花王集团的王牌商品。产品包装全部交由花王公司制作中心包装制作部设计。设计人员在设计包装时主要考虑到两个关键要素。一个是在公司内部被称为“洁霸绿”的包装色彩，一个是品牌 Logo。

洁霸之前的洗涤产品多使用代表洁净力的蓝色和白色。花王集团则赋予新产品新意味，大胆使用绿色作为包装色彩。产品的包装除了 Logo 外没有其他多余设计，这种简洁设计体现了洁霸的创新性。

20 世纪 90 年代前半期花王基于以上两个设计重点，并抓住长期畅销品的普遍特点，确立了洁霸的设计核心。从 1993 年的第五代洁霸包装开始，包装上开始出现由黄色和橙色色块构成的日冕图案。与日

颜色调整

2006

2009

2011

升级的品牌Logo及周边设计强调产品品质的升级

Logo和日冕图案更生动

大容量洗衣液瓶自带把手。

将青绿色作为包装背景色。

统一洗衣液、洗衣粉Logo

开发轻型盒装产品

接下页

冕图案融为一体的品牌Logo成为产品设计核心之一。日冕图案表示产品中所含生物酶可以强力去除纤维深处的污渍。有意思的是，随着洁霸产品功效的不断增强，日冕图案也逐年增亮。

为了凸显品牌Logo周围代表洗衣粉洁净力的白色，洁霸绿逐年加深。当然卖场灯光逐渐增强也是洁霸绿变深的原因之一。

与日冕图案融为一体的Logo和洁霸绿构成了洁霸包装设计的核

心。随着时代变迁这两个核心的细节不断发生着调整，但时刻传递着洁霸产品特点的功能从未改变。

与带有强烈品牌色彩的包装正面相比，产品包装背面附有产品功能的详细说明。每代产品包装背面都有一个显微镜图案，这个图案表示产品中所含生物活性酶可以深层去除棉质纤维中的污渍。

紧随时代变化

针对产品包装的不断改良，花王集团解释为“产品设计要紧跟产品改良的步伐”，而产品永远不能停下创新的脚步。花王集团不断研发包括新的蛋白水解酶、生物活性酶在内的各种新技术。仔细研究洁霸历代产品的广告词就能发现这些广告词中都加入了当时研发的新技术和新功效。

新添加的设计要素也反映了人们生活方式的变化，其中最具代表性的就是污渍性质的变化。现在人们衣物上的污渍比过去少了很多，“清洗衣物从‘脏了再洗’变成了‘穿了就洗’”（花王制作中心包装制

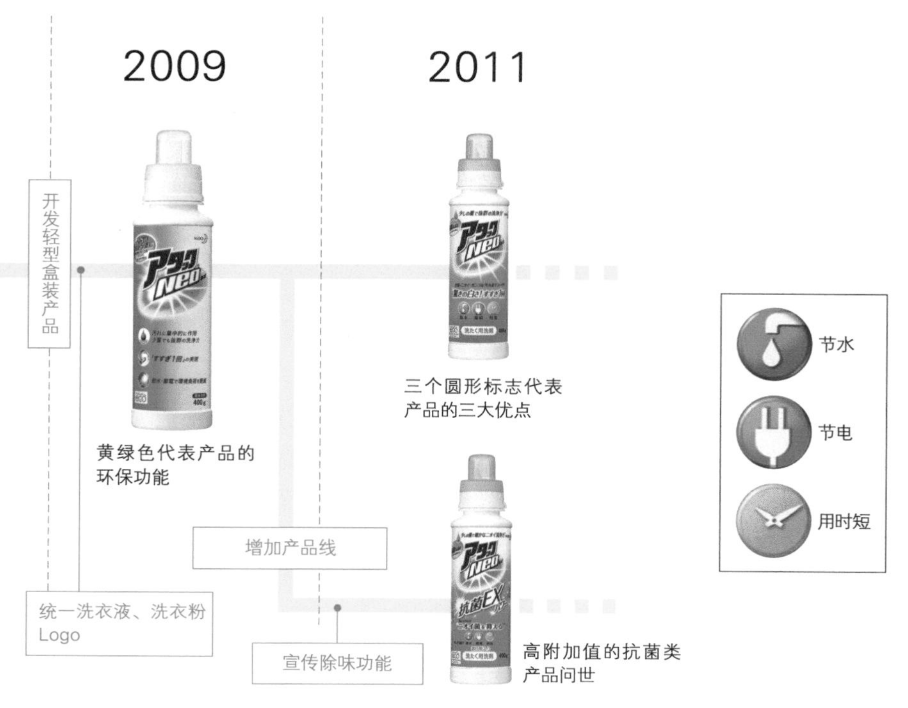
2009
2011
开发轻型盒装产品
黄绿色代表产品的环保功能
三个圆形标志代表产品的三大优点
节水
节电
用时短
增加产品线
统一洗衣液、洗衣粉Logo
宣传除味功能
高附加值的抗菌类产品问世

作部平泽部长)。我们用鼻子而不再是眼睛来判断衣物是否脏了。

1995 年面世的洁霸洗衣液最先关注的是消费者对洗涤产品除味功能的需求。当时洗衣液是高端商品，多用来清洗、浸泡毛线衣物，或者清洗衣领和袖口。但是 1995 年之后洗衣液逐渐抢占洗衣粉的市场份额，到了 2010 年洗衣液已经占到洗涤产品市场份额的约 5 成。

随着用水量少的洗衣机的普及，再加上洗衣液的可溶性优于洗衣粉，洗衣液使用量大幅上升。针对洗衣液需求量不断加大的市场新变化，花王增加了洁霸洗衣液的产品容量，2006 年又在洗衣液瓶上设计了便于取放的把手。

2009 年花王集团投放到市场的“洁霸 Neo”是在洗涤环境变化和环保意识提升的双重背景下诞生的洗衣液新产品。2.5 倍的浓缩精华不仅可轻松去除污渍，而且一遍即可漂清。设计人员在包装上将“节电”“节水”“用时短”这三个产品优点设计成类似于智能手机 APP 软件的圆形图标。

为了配合洗衣粉使用者洗涤习惯的变化，21 世纪初洁霸的包装设计更加注重环保，例如放弃了塑料盒盖、把手等。这种改变也降低了包装的制作成本。

洁霸洗衣粉作为长期畅销品就这样一步步稳固了市场地位。今后它的革新和发展仍将继续。

不断改进和市场开拓

花王集团根据洗涤市场消费者的需求变化不断开发新产品。2011 年 7 月推出的“洁霸 Neo 抗菌 EX”洗衣液主打能够强力抑制异味菌，可以抑制城市居民在家中晾干衣物时衣物产生的异味。考虑到双职工家庭和年轻人喜欢积攒脏衣物并且多在夜间晾晒衣物的习惯，新产品更加关注去除异味的功效。

洁霸 Neo 抗菌 EX 的包装上仍然继承了洁霸绿和品牌 Logo 这两大品牌资产，但由于增加了新功能，所以定价比普通产品略高一成。由此洁霸成功实现了产品的高附加值化。

同时洁霸也在积极开拓海外市场。随着日本人口减少，国内市场的发展遭遇瓶颈，所以对于快消产品来说开拓海外市场尤其是开拓发展迅速的亚洲市场尤为关键。花王集团的产品包装设计者们奔赴亚洲各国，研究各国市场和洗涤产品使用情况，并将实地调研结果运用到洁霸本土化的包装设计上。

惠润 / 资生堂

符合时代特点的“滋润”体现

流行

改变的设计

瓶盖

惠润使用了可以单手打开、形状独特的翻盖瓶盖。产品的瓶盖在每次产品包装升级时都会发生细微变化，瓶盖一直是产品包装设计的重点

不变

不变的设计

竖写Logo

为了凸显产品洁白的瓶身和极具特色的瓶盖，惠润的 Logo 是竖写的英文字母。通过对“SUPER”和“MILD”两个单词之间的平衡性调整突出了品牌 Logo 的设计重点

诞生	1988年
设计者	鹿目尚志　资生堂　宣传制作部
特点	保护头皮和头发的低刺激洗护发产品，其简洁大方的包装深受不同性别、年龄的消费者喜爱

安全方面的不断改进

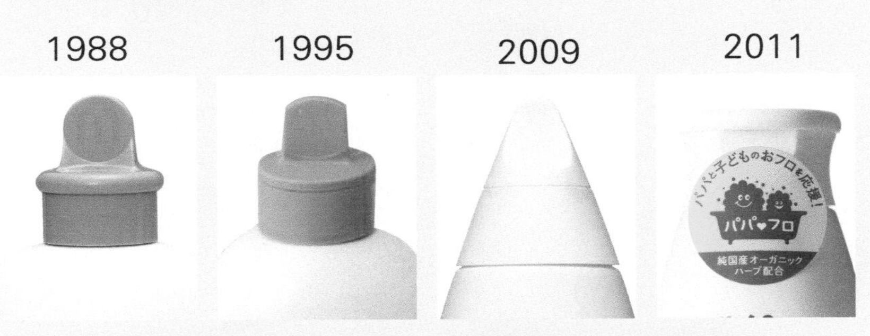

翻盖式瓶盖一直是惠润产品包装的特点。第一代包装的瓶盖略微圆润，1995 年产品升级后采用四角形瓶盖，到了 2000 年瓶盖大小发生了变化，2009 年四角形瓶盖变成了圆润的三角形瓶盖。之后出于安全性考虑资生堂放弃了尖角形状的瓶盖，改为现在的平角瓶盖

强调“MILD”的品牌Logo

竖写英文字母的开创性设计使惠润在面世之初就以其简洁大方的特点备受关注。为了在超市里吸引更多消费者的目光，设计者在包装瓶外包裹了一层热收缩包装纸，上面印有产品宣传语“不是MILD，而是SUPER MILD”。消费者在使用产品时撕去收缩包装纸即可，不会破坏产品的包装设计。惠润的品牌Logo曾在1995 年由竖写变成了横写，但由于销量不佳，所以在 1997 年的包装升级中又重新恢复为竖写Logo。2000 年品牌Logo的字体由罗马字体变为哥特体。这一字体由著名的字体排印设计者 Helmut Schmid 设计。2006 年又使用了和过去包装类似的字体排版，借以强调产品带给头发的温和滋润感

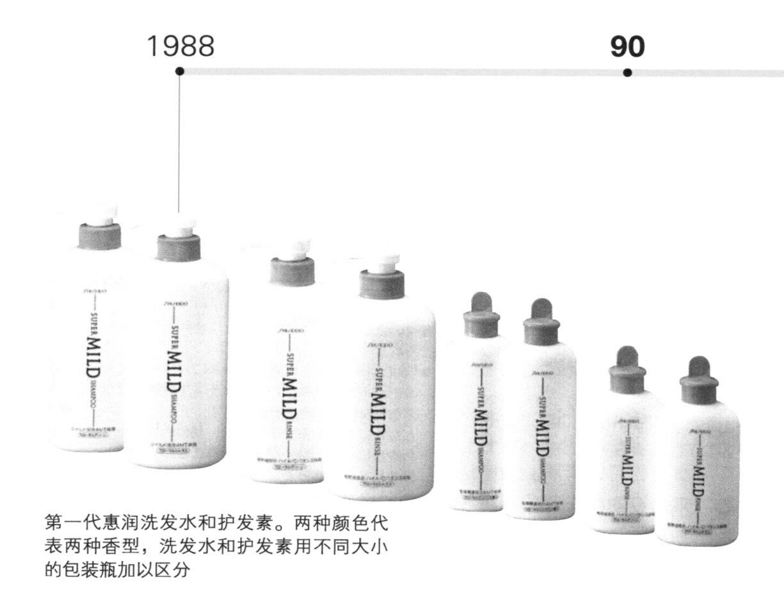

第一代惠润洗发水和护发素。两种颜色代表两种香型，洗发水和护发素用不同大小的包装瓶加以区分

20 世纪 80 年代后期日本掀起了晨起洗头的时尚。年轻消费者开始关注头发损伤问题，而且迫切希望有一款专属于自己的洗发水，因此资生堂的“惠润”一经面世便受到年轻消费者青睐。1988 年秋天面世后产品甚至曾一度断货，销售 3 个月便创下了月 10 亿日元的销售纪录。化妆品巨头资生堂集团设计的包装为产品的成功立下了汗马功劳。

带来温和滋润感的商品形象

第一代惠润包装中最大的特点就是翻盖瓶盖。像刮刀一样的瓶盖圆形顶部方便使用者打开，而且产品不仅成分温和，产品包装也着力树立“MILD = 滋润”的形象。绿色和粉色两种瓶盖色彩用以区分两种香型。白色光滑的瓶身设计灵感来自洗发水的泡沫。

洗发水和护发素的不同瓶身高度方便消费者在超市和家中浴室中轻松区分两种商品，这个设计细节适用于全球任何国家的洗发护发产品。与资生堂以往产品包装截然不同的简洁包装也得到了专家的高度

接下页

横写 Logo 包装登场。翻盖瓶盖设计成了四角形，为了强调产品的温和感，包装整体设计更圆润

品牌 Logo 和第一代产品相同，但包装色彩更加鲜艳。增加了旅行装

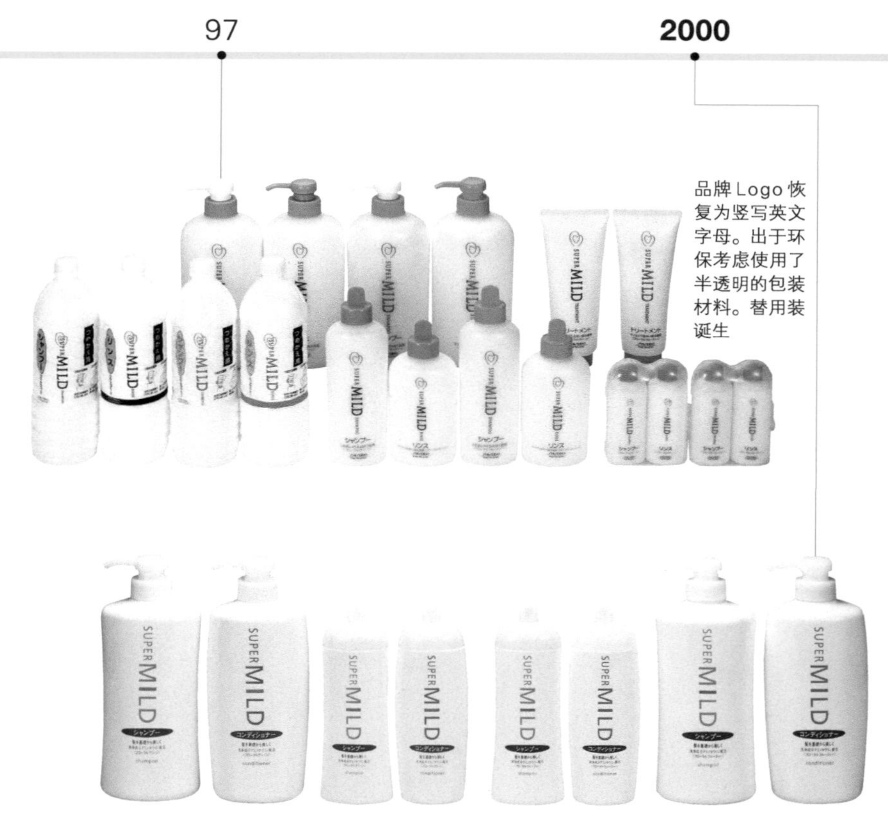

品牌Logo恢复为竖写英文字母。出于环保考虑使用了半透明的包装材料。替用装诞生

洗发水和护发素变为相同高度的包装。利用包装上的不同印刷特点来区分洗发水和护发素

评价，惠润的包装设计在第28届日本包装大赛中获得了通商产业大臣奖。

1995年惠润的新包装在继续展现产品温和滋润感的同时又着力宣传产品的功效。这个新包装也是惠润包装历史上唯一一次采用横向Logo。不过新包装上市后销量不佳，所以在1997年包括Logo在内的包装设计都进行了新的调整。

1997年惠润使用了半透明包装瓶，并且首次销售替代装。这也从

02 06

接下页

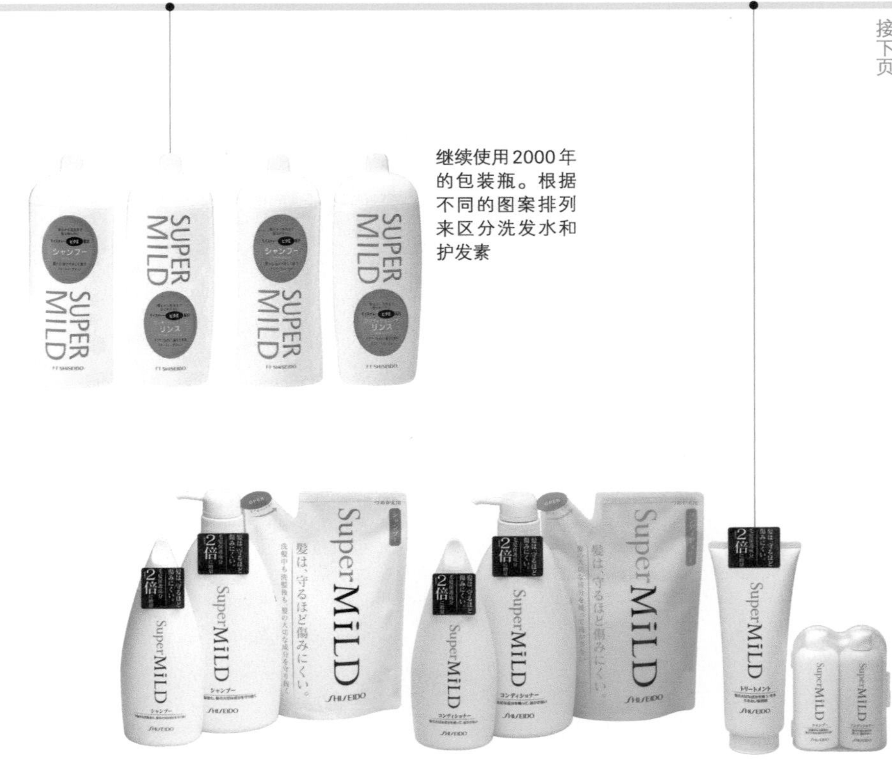

继续使用2000年的包装瓶。根据不同的图案排列来区分洗发水和护发素

丝蓓绮横空出世，面对竞争对手带来的压力，惠润的包装设计更具有化妆品的特点

侧面反映出从这个时期起环境问题逐渐受到全社会关注。新的包装保留了作为品牌资产的白色质感的瓶身、鲜艳配色以及翻盖式瓶盖，同时又符合新时代的环保要求。

2000年产品升级时产品包装形象也发生了巨大变化。洗发水和护发素瓶身高度统一，二者瓶体分别为凹凸状，瓶身线条更加柔和。瓶盖变成了小抓手的形状，瓶身文字的不同颜色代表不同香型。

2006年同公司的洗护发品牌

产品成分中添加了天然有机成分，所以包装设计也使用了草本植物的颜色。瓶盖处黏贴了“自然美发”的贴签

和日本电通合作的“父子泡澡”项目正式启动。为了保证浴室安全将尖角形瓶盖设计成平角瓶盖

“丝蓓绮”问世，惠润开始提高产品在家庭洗护发领域的存在感。产品中添加了天然有机成分，瓶盖使用了更接近自然的色彩，这些都是惠润紧跟时代步伐的体现。

资生堂宣传制作部创意总监松本泉曾表示“惠润这款商品的滋润性从未改变，只是随着时代的变化对滋润的定义也有所不同。产品设计要随着时代变化和市场需求不断发展。”惠润以其高品质、有特色的包装设计横空出世，一路发展成国民品牌，它的发展历程可以说是长期畅销品的范本。

洗发水和护发素包装瓶组合的变迁

从销售之初到1997年，惠润产品的包装瓶一直都是“洗发水的包装瓶相对较高，护发素的包装瓶相对较宽”，因此二者虽然包装瓶形状不同但容量相同。在众多鲜艳包装的洗护发产品市场，惠润洗发水和护发素简洁的包装一经问世便获得了意想不到的人气。2000年后洗发水和护发素的包装瓶高度统一，2006年起洗发水和护发素包装瓶形状统一，现在主要通过颜色和印刷字区分二者

牛牌香皂 红盒 / 牛乳石碱共进社

保持85年的包装变在何处?

不变

不变的设计

红色包装盒和奶牛插图

自产品诞生日起沿用至今的两个设计元素使品牌特征一目了然

流行

改变的设计

圆弧形边角

首次印制产品名称 包装盒上红色长方形背景的棱角变成了圆弧形。包装盒正面首次出现了“红盒”二字，进一步强调产品名称

诞生	1928年
设计者	奥村昭夫（1994年第九代包装和2013年第十代包装）
特点	1928年销售的牛牌香皂采用锅炉烧制法，配合牛奶和深海鲛鱼成分制作而成，产品的玫瑰香味几十年未变。100克的重量售价105日元（含税）

红色背景和奶牛插图的组合

包装使用了吉利的红色作为背景色，因为将白色香皂从红色盒子里拿出来时会形成强烈的视觉对比，而且超市货架上红色包装的产品也非常显眼。奶牛插图代表了企业“扎实经营，为消费者提供人人喜爱的产品”的理念，可以拉近与消费者的距离

红色背景变成粉红色后销量下降

第五代包装（1974年）的背景色由红色改成粉红色后，产品销量剧减，所以两年后的第六代包装又恢复了红色背景包装。这抹被称为“牛奶红”的红色由洋红色100和黄色100调成

红色背景和奶牛插图的组合

第一代（1928）

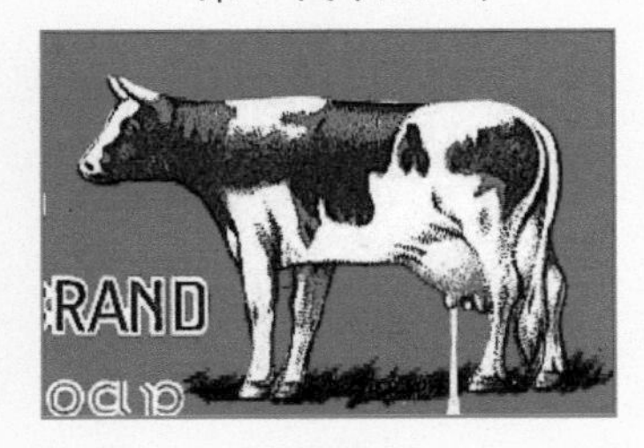

第二代（1949）

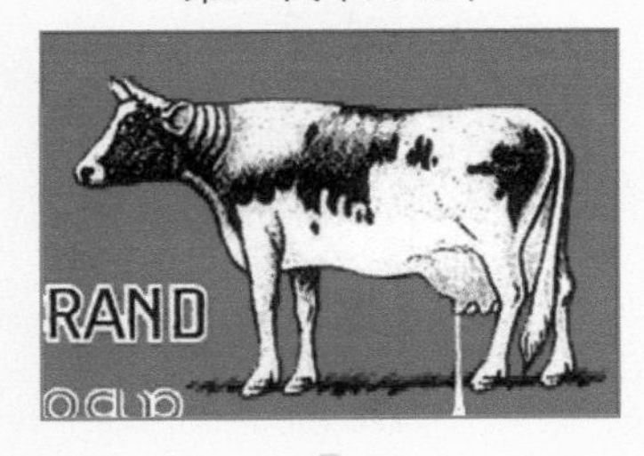

第三代（1994）

奶牛插图虽然一直都在产品的包装盒上，但图案还是发生了两次变动。1994年第九代产品包装上的第三代奶牛插图的各个部分都做了简化处理。不过“眉眼慈爱、牛尾下垂、脚边干净”的插图创作理念始终如一

接下页

第十代设计变动的两个元素

1928　30　40

1994（第九代）

2013（第十代）

COW牛牌红盒125

第十代设计和第九代相比的第一个变化是，包装上红色长方形的四个棱角变成了圆弧形。另一个变化是包装盒正面出现了“红盒”二字。厂家做出以上两个改变的目的是借此重新强调品牌名称，提高产品知名度。与此同时厂家还开始销售125克重的“COW牛牌红盒125”（售价为126日元）。因为厂家面向消费者进行调查后发现重量超过125克的香皂不易握紧

第一代●用奶牛身上流出来的牛奶图案表示香皂中的牛奶成分。包装上印有香皂的英文“Toilet Soap”

牛乳石碱共进社的前身是共进社石碱制造所，成立于香皂还属奢侈品的1909年。这家百年企业的招牌产品“牛牌红盒”（以下简称红盒）在85年间的销售史上一直长期占据着畅销品的位置。1994年起牛乳石碱共进社将奶牛插图和红色背景色的组合作为企业Logo，这两个元素和红盒的包装设计元素完全一致。很多消费者都亲切地称这款牛奶香皂为“红盒”。

从1928年诞生起，红盒包装共经历了9次包装升级。而这9次包装升级最大的特点就是其基本的设计元素几乎没有改变。历经85年岁月而包装几乎不动的产品屈指可数。

49 50 60 67

接下页

第二代●奶牛插图放大，奶牛颈部皱纹增多，插图更加逼真。除此之外包装设计没有发生其他变化

第三代●奶牛和牛奶分开。包装上印制了"COW BRAND SOAP KYOSHINSHA"，突出产品制造商牛乳石碱共进社的企业名

包装盒的红色背景色十分吉利，还可以与白色香皂形成鲜明对比。奶牛是容易让人产生亲近感的动物，所以奶牛插图暗含了企业希望为消费者提供优质商品的愿望。奶牛插图至今仅变动过两次。红色背景和奶牛插图红盒的绝对性象征。

不变的设计中的小变化

红盒的包装从诞生日起就未有过大的变动，所以红盒作为企业资产被最大限度的继承下来。根据牛乳石碱共进社的调查显示消费者在选择香皂时最主要的判断标准就是安全感和信赖感，而不轻易改动产品设计正可以提升消费者对产品的安全感和信任感。

红盒背景色曾在 1974 年变成粉红色，但颜色变动后产品销量急剧下降，所以仅两年后包装背景色又恢复为红色。销量剧减的原因是消费者认为粉红色包装难以让他们产生这是牛乳石碱共进社的红盒香皂的共鸣感。这个包装设计中的小插曲可以看到产品包装设计的巨大作用和价值。

红盒的 9 次包装升级中最引人注目的是 1994 年的第九代和 2013 年的第十代包装。这两代包装设计的变化非常小，但两代包装都浓缩了品牌理念，品牌价值得以进一步升华。两代包装都出自江崎格力高

68 70 74 76

第五代●为了消除1973年石油危机带来的负面影响，包装背景色采用了鲜艳的粉红色

第六代●包装背景色又由粉红色恢复为红色。环绕奶牛插图的金色蝴蝶结颜色更加鲜亮

第四代●仅一年之后就诞生了第四代包装。包装上原先的牛奶图案消失，奶牛插图旁增加了小R标志

和乐敦公司商标的设计者奥村昭夫之手。

第九代包装的变化是奶牛插图等主要设计元素都被移到了包装盒中间，而作为红盒香皂象征的奶牛图案则位于正中央。第九代包装升级中奶牛插图也实现了第三次更替，

80 84 86 接下页

第七代●产品重量由 90 克增量到 100 克，价格也随之上调。包装盒右下角出现“NEW”的文字，奶牛的插图放大

第八代●去掉了“NEW”字。“Beauty Soap”字样移至包装盒中心位置

由逼真的奶牛图案变成了更加轻盈的奶牛图案。

19 年之后的第十代包装与第九代相比似乎没有变化，但仔细观察还是会发现两个细微区别。一个是红色长方形背景的四个棱角变成了圆弧形，另一个是包装盒上首次出现了“红盒”二字。这两个变化强调了香皂温和亲肤的产品特点和产品名称，而这两点也正是第十代包装升级的目的。

1994 年是第九代包装升级的年份，同时也是牛乳石碱共进社调整企业 Logo 的年份。20 世纪 90 年代

90 94 2000 10 13

第九代●奶牛插图更轻盈，插图移至包装中心位置，并且在包装盒下方注明了“配合牛奶成分”的字样

第十代●红色长方形的四个棱角变成了圆弧形，用以代表产品温和护肤的特点。第十代包装上首次出现了“红盒”二字

初期产品销量有下降趋势，所以调整企业 Logo 和包装的目的就是要使红盒成为全日本第一的香皂。据牛乳石碱共进社的调查显示 2011 年红盒在固体香皂市场的份额占到了 25%，这一数据说明红盒已经完美地实现了当初的目标。

第十代包装诞生于 2013 年，同一年牛乳石碱共进社开始销售比原先产品稍重的 125 克的“牛牌红盒 125”。因为各种调查结果显示 125 克是手掌可以轻松握住的最大重量。和包装升级一样，不断提高产品耐用性和可用性也是产品受到消费者青睐的秘诀之一。

企业Logo的变迁

牛乳石鹸

牛乳石鹸

ずっと変わらぬ やさしさを。

牛乳石鹸

1994 年牛乳石碱共进社在升级红盒、蓝盒包装时确定了新的企业Logo，并且在奶牛插图上方添加了“回馈您的专注”的广告词。就在同一年，红色正式成为牛乳石碱共进社的企业色。2009 年牛乳石碱共进社成立 100 周年之际企业 Logo 再次发生变化，红色奶牛插图周围的红色背景的四个棱角变成圆弧形，广告词变成“不变的温和”

蓝盒和绿盒

1949 年诞生的蓝色包装盒的“牛牌蓝盒”是红盒的低价版。1994 年蓝盒包装升级后一直沿用至今。茉莉花香型的蓝盒香皂中没有添加深海鲛鱼成分，所以比红盒香皂更清爽。85 克重的香皂售价为 84 日元。“牛牌绿盒”是药用香皂，曾于 2003 年在九州地区试销售，但在2005年停售

G・U・M/SUNSTAR

在整个卖场内宣传产品防治牙周病的功效

不变的设计

文字和颜色的组合

白色背景色和品牌绿的色彩搭配，再加上产品名称G・U・M，产品的视觉核心从未改变

流行

改变的设计

商标

虽然品牌Logo一直都是G、U、M三个字母和两个圆点的组合，但三个字母的字体还是发生了细微变化

流行

改变的设计

绿色色调

品牌色跟随时代步伐不断变化

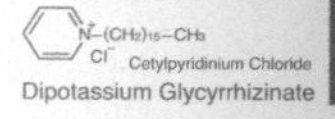

诞生	1989年
设计者	SUNSTAR口腔护理事业部
特点	口腔护理综合品牌。提倡采用对症治疗的杀菌法治疗牙周病，倡导积极预防牙周疾病

品牌核心

产品包装的主基调色是白色。包装中心是绿底白字的品牌名，这一设计已经成为品牌形象的重要构成要素

全世界通用的商标

1989

G·U·M®

1999

G·U·M®

2004

G·U·M是从美国Butler公司继承来的品牌Logo，从产品在日本面世起使用至今。G·U·M最初是Butler公司旗下的品牌，直到1999年产品包装上的企业名称才从Butler变为SUNSTAR。Logo字体也全面升级。2004年在SUNSTAR公司在世界范围内统一了品牌Logo

颜色更深、功效更强

1989

1999

2004

产品标志性的品牌绿最初是从美国Butler公司继承过来的淡绿色，但之后为了突出产品预防牙周病的功效，品牌绿的色调逐渐加深。为了减轻单调的深绿色和白色背景色间的不平衡感，2004年在绿色上又增加了渐变绿线条

1989 **90**

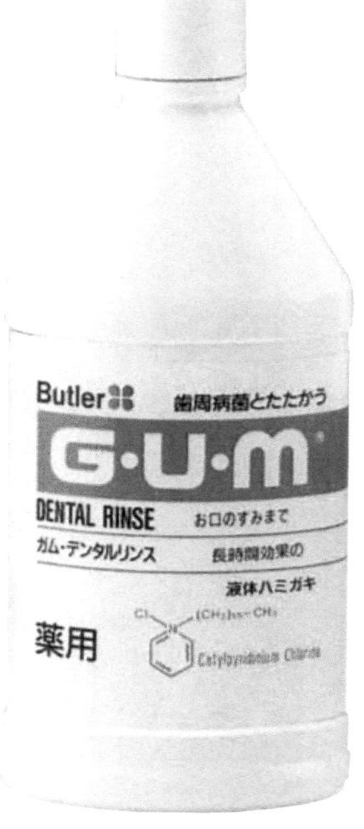

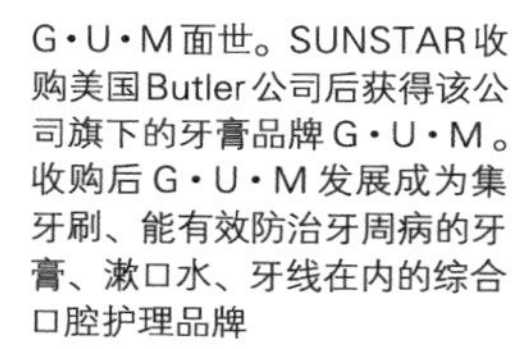
G·U·M面世。SUNSTAR收购美国Butler公司后获得该公司旗下的牙膏品牌G·U·M。收购后G·U·M发展成为集牙刷、能有效防治牙周病的牙膏、漱口水、牙线在内的综合口腔护理品牌

SUNSTAR的G·U·M是口腔护理综合品牌，涵盖了牙刷、牙膏、漱口水、牙线等产品。品牌年销售额达到200亿日元，占据着日本口腔护理市场的头把交椅。

G·U·M问世于1989年。销售之初旗下的各类产品多是各自作战，牙刷、牙膏使用的都是不同的商品名和Logo。G·U·M原是美国Butler公司于1960年创立的牙刷品牌。这个品牌的牙刷受到牙科医生的好评所以进口到日本并在牙科医院中销售。SUNSTAR在1989年收购了Butler公司，从此G·U·M

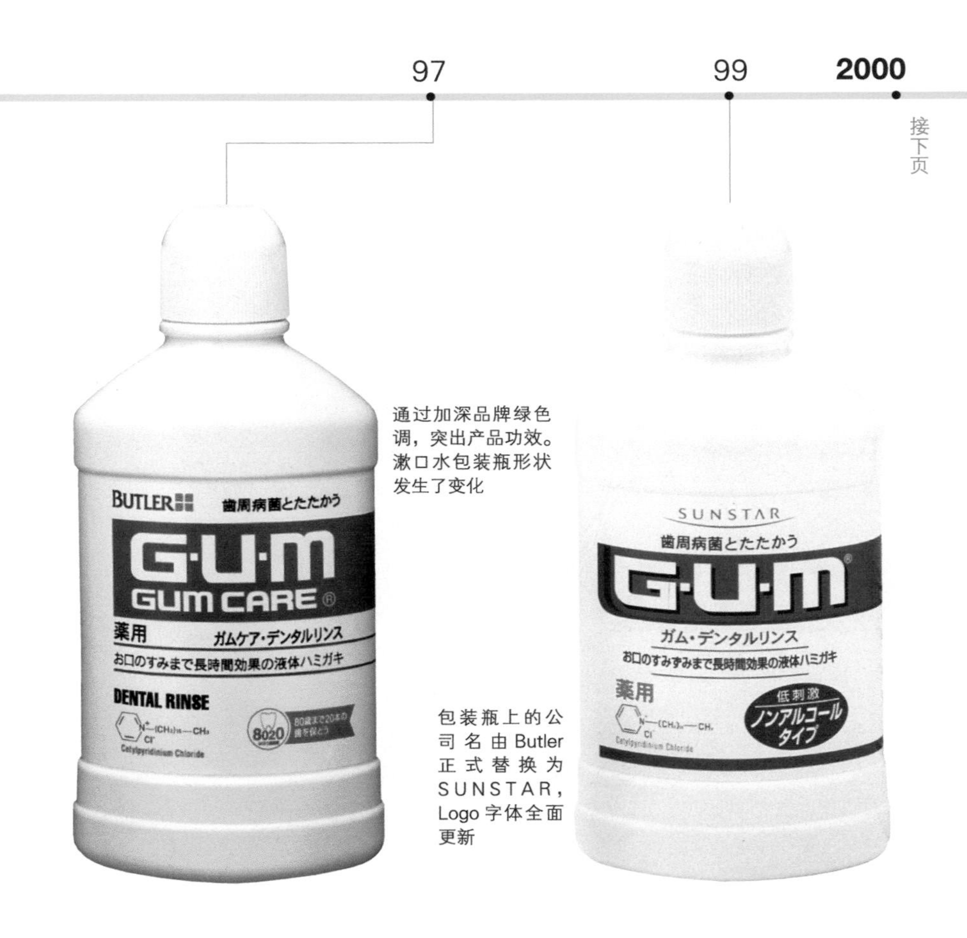

接下页

通过加深品牌绿色调，突出产品功效。漱口水包装瓶形状发生了变化

包装瓶上的公司名由Butler正式替换为SUNSTAR，Logo字体全面更新

由单一的牙刷品牌发展成防治牙周病的口腔护理综合品牌。

品牌名称G·U·M取自牙龈的英文gum，用圆点隔开的3个字母又分别代表“Gentle”（温和）、“Uletic”（适合牙龈）、“Massage”（按摩）之意。SUNSTAR公司在最初销售G·U·M时，不仅沿用了产品原有的品牌绿和Logo，连Butler公司的企业名都原封照搬到包装上。白色背景色+绿色的颜色搭配和G·U·M的文字就这样成为了品牌象征。

1972年SUNSTAR开始自主研发口腔护理产品。当时正值日本经

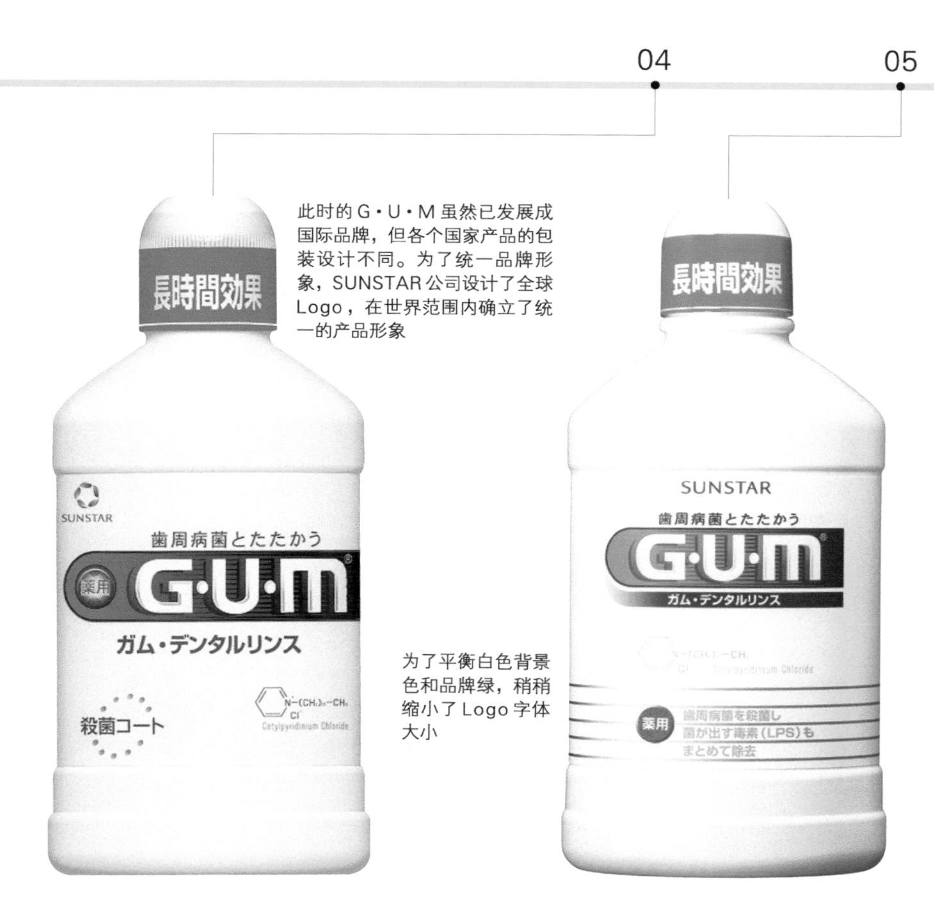

此时的G·U·M虽然已发展成国际品牌，但各个国家产品的包装设计不同。为了统一品牌形象，SUNSTAR公司设计了全球Logo，在世界范围内确立了统一的产品形象

为了平衡白色背景色和品牌绿，稍稍缩小了Logo字体大小

济高速增长期结束，随着人们饮食生活的丰富，各种虫牙、牙龈问题开始不断出现。

齿槽浓漏到牙周病

现代社会很多人多被齿槽浓漏问题困扰，出现牙龈红肿、牙龈出血的症状，此种背景下SUNSTAR的竞争对手销售的治疗齿槽浓漏的牙膏迅速成为热销商品。但是造成齿槽浓漏的原因有很多，这种牙膏只能暂时缓解症状。所以SUNSTAR公司抓住机会，开始着手研发具有全新功效的牙膏。

08

10

接下页

细节调整。包装瓶下端添加了数条横线

20世纪80年代，研究人员认为齿槽浓漏的根源是细菌。如果在牙膏中添加能够防止细菌生成的成分，就能根治齿槽浓漏问题。随后SUNSTAR公司开发的G·U·M全新产品出现在消费者的视线中。

为了宣传产品的功效，G·U·M从诞生日起就在包装上印制了牙膏中所含有效杀菌成分CPC（氯化十六烷吡啶）的化学式。

以品牌为中心改变卖场结构

虽说成功研发出的G·U·M能够防治导致齿槽浓漏的牙周疾病，

13

Logo下方的蓝色色块里的内容发生变化。以前蓝色色块中的商品名称变成了产品宣传语——“HEALTHY GUMS.HEALTHY LIFE”。去掉了包装瓶下端的横线，包装更加简练

但要成功销售这个新产品，必须要让消费者了解牙周病是什么。20世纪八九十年代超市或药妆店里牙刷、牙膏都是分开销售的，针对这种情况，SUNSTAR制定了一个市场销售战略。

G・U・M的产品不再采取分门别类的销售方法，而是将旗下所有产品集中至一处销售，并在卖场中采用POP广告等方法宣传牙周病的预防知识。还向一些小型商店建议在店内设置以G・U・M产品为中心的“牙周病角”，以此帮助这些小型商店发展成高附加值的口腔护理卖场。

这些小型商店接受SUNSTAR公

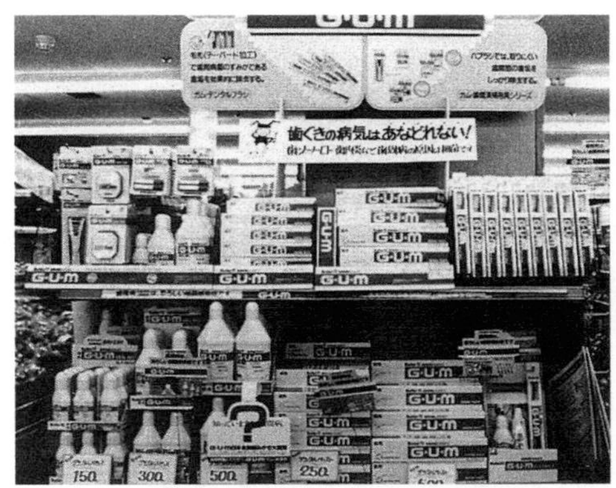

口腔护理综合品牌

SUNSTAR公司为了集中宣传产品防治牙周病的功效，将G·U·M系列所有口腔护理产品集中一处销售，这在不同产品分门别类销售的时代可谓是全新的促销手段。现在G·U·M已经发展成涵盖牙刷、牙膏、漱口水、电动牙刷、咽喉药等各类产品的口腔护理综合品牌

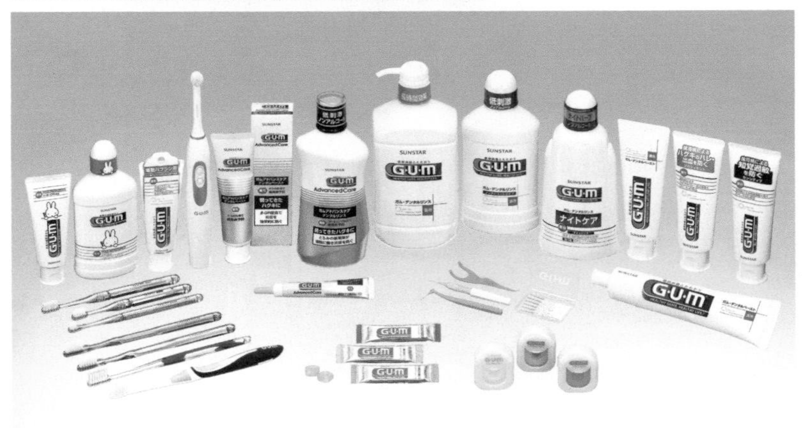

司的提议，在店面内里设置了既能宣传牙周病知识又能宣传产品的区域，成功打开了G·U·M的销路。

如今同个品牌旗下的产品都会统一产品设计。而在口腔护理领域，这一设计理念的开创者就是G·U·M。现在G·U·M旗下的口腔护理品牌仍然继承这一路线，虽然产品种类不同，但都采用了统一设计。

白色背景色、英文Logo、包装正面的品牌名、“与牙周病斗争”的宣传语，这些是所有G·U·M系列产品都不可缺少的设计元素。G·U·M不拘泥于旗下某个产品的设计，而是通过整体销售策略打造其科学防治牙周病的高端形象。

Saran 保鲜膜 / 旭化成家庭用品株式会社

更安全、更方便

改变的设计

包装盒结构

保鲜膜的包装设计中最重要的是要考虑到使用者如何安全、适量地撕下轻薄的保鲜膜，所以设计人员不断研究刀片位置，以及防止保鲜膜倒卷的方法

不变

不变的设计

品牌色彩

产品最初使用的白色包装在 1966 年升级为黄色。现在黄色已经成为 Saran 保鲜膜的品牌色彩

诞生	1960年
设计者	旭化成家庭用品株式会社市场部（容器设计），The Design Associates设计公司（图案设计）
特点	食品保鲜膜市场的头号品牌，约占同类商品市场份额的 50%。Saran 保鲜膜诞生于日本经济高速增长期。伴随冰箱、微波炉等厨房电器的普及，保鲜膜已经成为日本人厨房不可或缺的产品

更安全、更方便

1966

初期的包装中划开保鲜膜的金属刀片在包装盒外侧，拿起包装盒时有可能割伤手指

1993

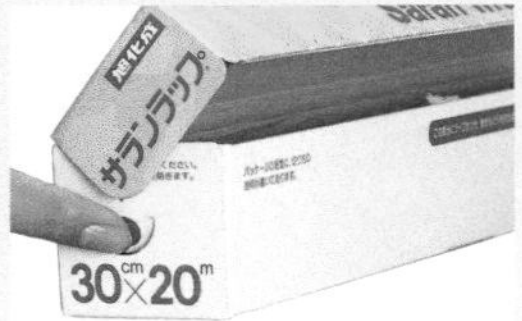

刀片设计在盒盖的内侧，关闭盒盖后就能划开保鲜膜。为了防止膜卷弹出和保鲜膜倒卷，包装盒两侧设计了安全栓，提高固定效果

2008

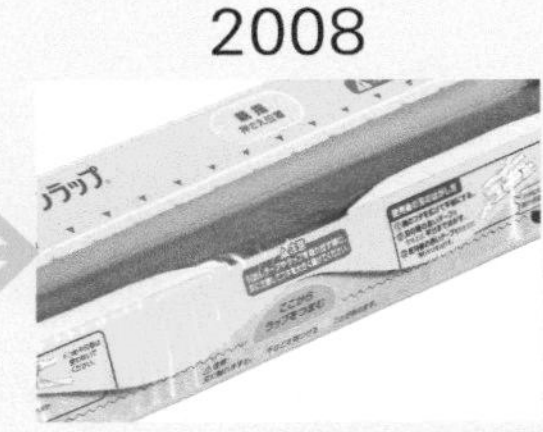

新添加的波浪形折翼向外突出的设计方便消费者更轻松地找到保鲜膜端口。包装盒内侧两端的安全栓既能防止膜卷弹出和保鲜膜倒卷，关闭盒盖后还会与盖子内侧的空槽契合，发出“咔嚓”声

明黄色搭配明亮的厨房

1966

1993

2008

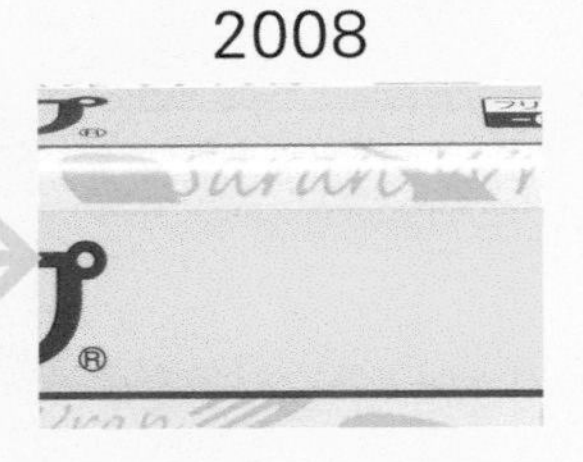

日本在经历了战后的经济高速增长期后，冰箱等家电产品迅速普及，家庭生活中一直默默无闻的厨房开始成为家庭生活的主角。此时面世的Saran保鲜膜用其明亮的黄色点亮了厨房色彩

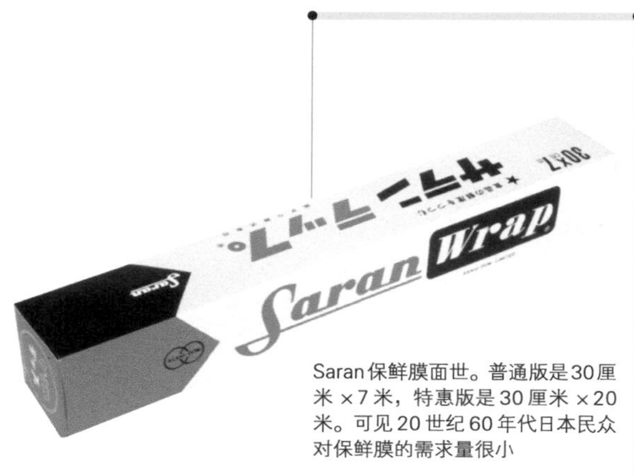

Saran保鲜膜面世。普通版是30厘米 ×7米，特惠版是30厘米 ×20米。可见20世纪60年代日本民众对保鲜膜的需求量很小

包装色彩变为黄色。家庭版分为30厘米 ×10米和30厘米 ×20米两种规格

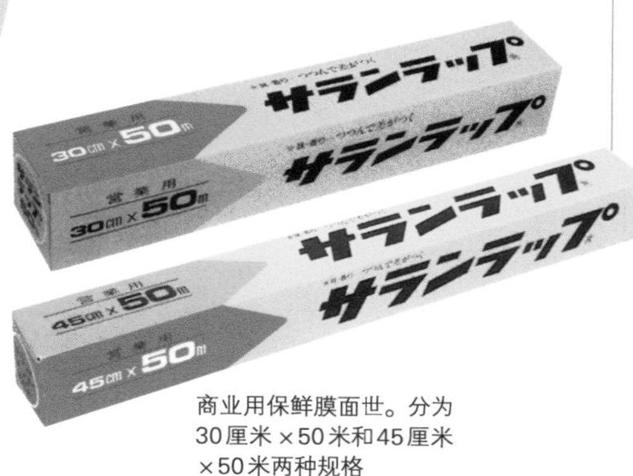

商业用保鲜膜面世。分为30厘米 ×50米和45厘米 ×50米两种规格

70

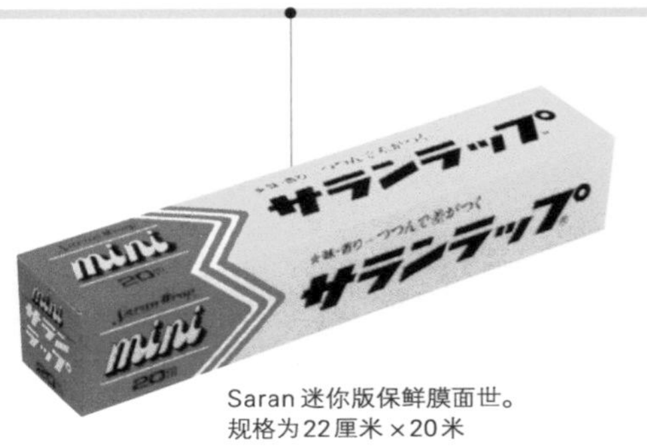

Saran迷你版保鲜膜面世。
规格为22厘米×20米

80 81 接下页

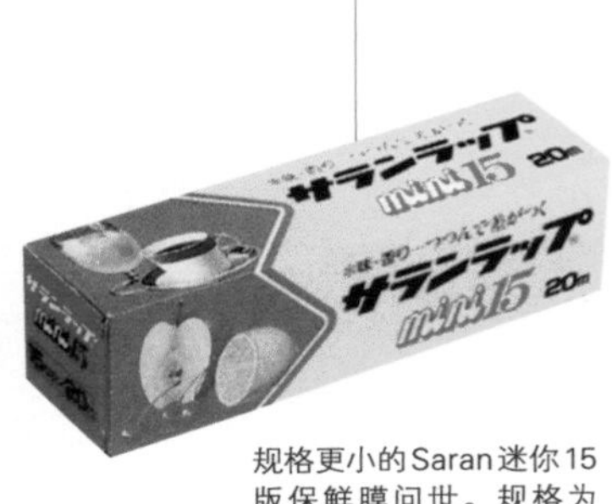

规格更小的Saran迷你15版保鲜膜问世。规格为15厘米×20米

Saran保鲜膜最初是由陶氏化学公司研发生产的军需产品。因为保鲜膜可以阻隔外界水分和湿气，所以能够保持弹药干燥，防止枪支生锈。

当时陶氏化学公司的几名技术人员和家人一起外出野营，两名技术人员的妻子用军需薄膜包了生菜带去野营地，在野营地做饭时她们发现军需薄膜包着的生菜仍然非常新鲜。从这件事中技术人员发现，薄膜不仅可以阻隔外界湿气，还可以防止物品内部水分蒸发，保持物品干燥，由此陶氏化学开始由军需薄膜生产转向食品保鲜膜的开发。陶氏化学公司用发现薄膜可以保持食材新鲜这一特点的两位技术人员妻子的名字“Sara”和“Ann”组合成了新产品的名字“Saran”。

冰箱、微波炉的普及

由旭化成工业（当时）和陶氏化学的合资企业旭陶公司生产的保鲜膜于1966年正式在日本销售。20世纪60年代的日本刚刚结束贫穷混乱的战后状态，迎来了充满希望的新时代——经济高速增长期。人们憧憬着冰箱、电视机等各种家电产品。保鲜膜对于广大民众仍然是陌生的名词，厂商首先要做的就是介绍产品的使用方法。所以厂家使用电视广告进行产品宣传。由于当时

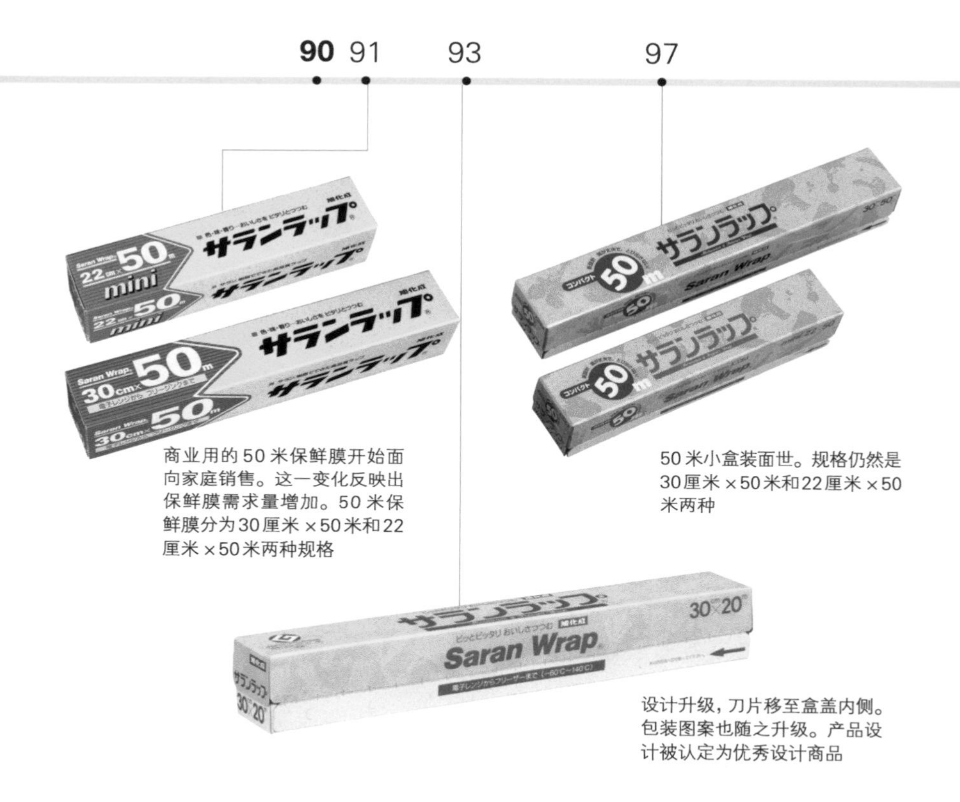

商业用的50米保鲜膜开始面向家庭销售。这一变化反映出保鲜膜需求量增加。50米保鲜膜分为30厘米×50米和22厘米×50米两种规格

50米小盒装面世。规格仍然是30厘米×50米和22厘米×50米两种

设计升级，刀片移至盒盖内侧。包装图案也随之升级。产品设计被认定为优秀设计商品

拥有冰箱的家庭还很少，所以该阶段产品的宣传卖点是可以常温下保持食品新鲜。

到了20世纪60年代中期，工薪阶层中冰箱普及率超过了50%，从这个时期起，Saran保鲜膜的需求量大幅增加。但商品销售初的白色包装容易让消费者认为这是工业商品，所以为了配合新时代的厨房变化，1966年产品进行了包装设计升级。升级后包装上的黄色成为了Saran保鲜膜的品牌色彩。随着冰箱的普及，产品的宣传卖点变成了可以防止冰箱中食物水分流失和食物串味。

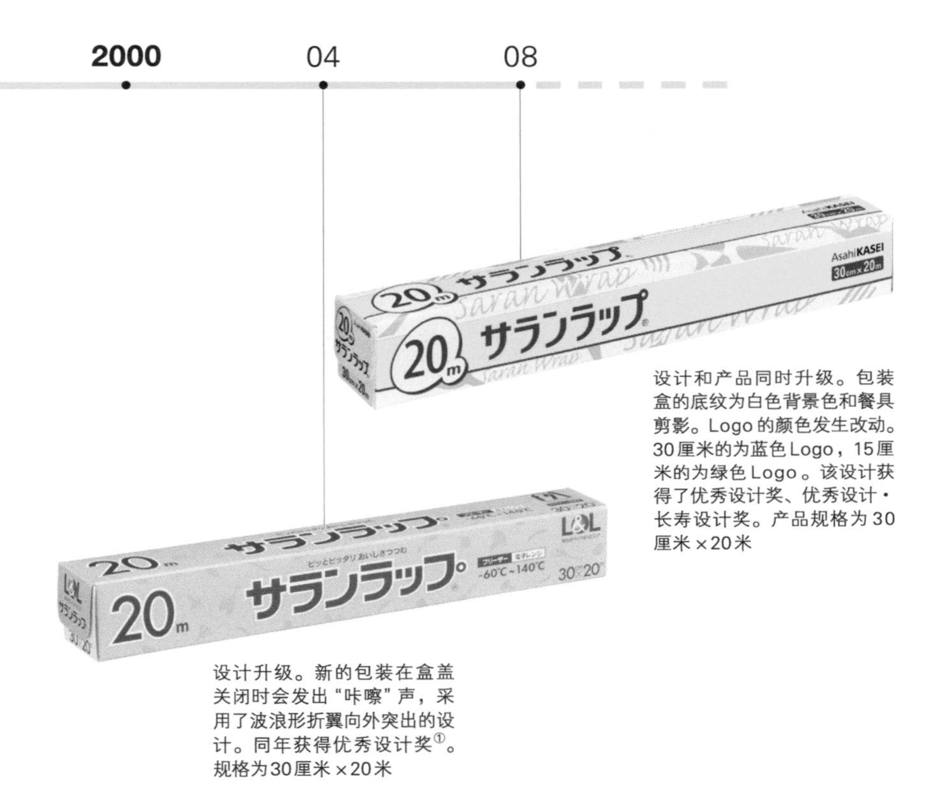

设计和产品同时升级。包装盒的底纹为白色背景色和餐具剪影。Logo的颜色发生改动。30厘米的为蓝色Logo，15厘米的为绿色Logo。该设计获得了优秀设计奖、优秀设计·长寿设计奖。产品规格为30厘米×20米

设计升级。新的包装在盒盖关闭时会发出“咔嚓”声，采用了波浪形折翼向外突出的设计。同年获得优秀设计奖①。规格为30厘米×20米

20世纪70年代带冷冻功能的冰箱成为冰箱市场主流，市场上开始流行各种冷冻食品。到了1981年微波炉的普及率达到了约40%。随着市场需求的不断变化，Saran保鲜膜的宣传重点经历了常温保存、冷冻保存、方便微波炉加热等一步步转换。产品已不再局限于保存食物的功能，使用范围扩大到了食物烹调。家电产品的普及带来了Saran保鲜膜销量的不断上升。

1993年，原先的黄色+锯齿图案的包装全面升级为明黄色包装。

① 由日本公益财团法人日本设计振兴会举办，对每年设计突出的产品进行奖励的奖项。

电视广告的变迁

内置刀片更易抽取

在1993年的包装升级中设计人员对包装结构做了大幅度调整。之前的包装中划开保鲜膜的金属刀片位于包装盒外侧，这样拿盒子时有可能割伤手指，所以新的设计中将刀片移到了包装盒开口的内侧，并且为了方便垃圾分类，刀片更容易揭下。

不过专业厨师更喜欢使用刀片在外的保鲜膜包装，而且专业厨师经常需要一次性使用大量保鲜膜，外侧刀片更方便迅速，所以饭店专用的保鲜膜包装中现在仍有大半的刀片都在外侧。

另外，为了防止卷保鲜膜的膜卷弹出，或者抽取保鲜膜时保鲜膜倒卷，新的包装将侧面的安全栓设计在内侧，凹槽状的设计可以紧紧固定住保鲜膜。此外，为提高不同规格产品的辨识度新的设计中还改变了Logo的颜色。Saran有30厘米、22厘米、15厘米3种规格的保鲜膜，3种规格产品的Logo颜色分别是绿色、黄色、蓝色，一目了然。品牌标志性的黄色背景上还印上了蔬菜、水果剪影，整体包装更加契合厨房用品的形象。

2004年Saran保鲜膜包装得到进一步改进。主要表现在两点，其一是打开盒盖就能看到的位于盒子内侧两端的安全栓。安全栓两侧能够固定保鲜膜，防止膜卷弹出或保鲜膜倒卷。而安全栓下端的突出部分和盒盖内侧的空槽吻合，关闭盒

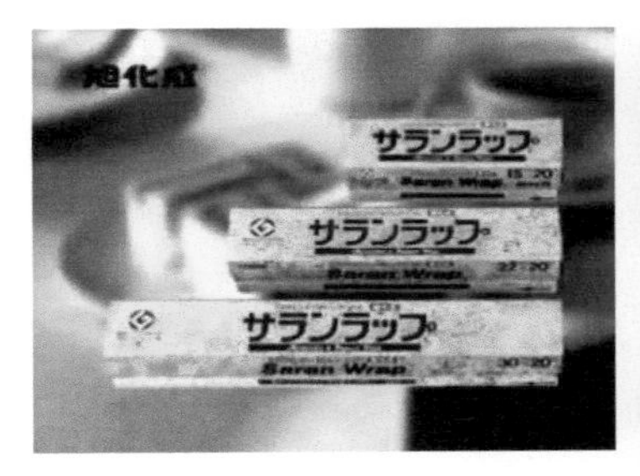

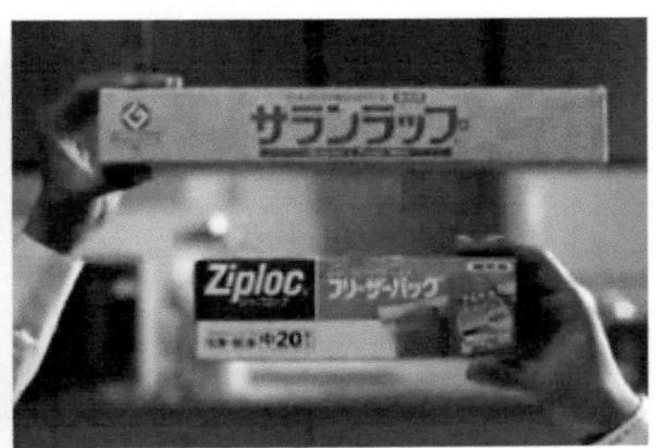

Saran 保鲜膜初上市时对于很多日本人来说是完全陌生的商品，所以为了打开普通民众的市场，旭化成集团很早就开始投放电视广告。1981—1996 年在富士电视台播放了 16 年的“原来如此！The World”节目就由旭化成集团赞助播出，该节目曾创下 36.4% 的最高收视纪录，平均收视率为 21.3%，这个节目成为 Saran 保鲜膜打开知名度的关键

盖就能听到“咔嚓”声。我们在日常生活中不能顺利抽取保鲜膜的主要原因就是因为盒盖闭合不紧导致保鲜膜倒卷，所以为了防止这种情况的出现，新的设计在视觉和触觉上都做了改进。

其二是在抽出保鲜膜的位置进行了波浪形折翼设计。为了固定住抽出的保鲜膜，以前都是在这个位置涂抹黏着性的树脂。新的包装将这部分设计成了波浪形折翼形状固定保鲜膜，方便下次抽取。

轻薄的产品有时使用起来会不太方便，所以如何让消费者更方便地使用产品尤为重要。Saran 保鲜膜包装设计的变迁史就是产品不断改良的历史。

第 2 篇

目标，长期畅销品——人气商品设计升级的秘密

情况/课题	升级方针	设计要点
节电需求促进销量提升。希望在翌年夏天能够继续保持良好的销售态势	作为麒麟饮料旗下的主力商品，将其定位为“美味的防中暑饮料”	产品功能说明文字增加了蓝色背景，插图的渐变的淡蓝色背景强调产品补充水分的功效。着重突出“海盐荔枝果汁”中的“海盐”二字

旧

90万箱

2011年
出货量
（7–12月）

KIRIN
世界のKitchenから
渇いたからだに
ソルティ・ライチ
沖縄海塩ひとつまみ
SALT AND LITCHI
暑い国タイの知恵から
果汁10%
グレープフルーツ入り
熱中・脱水対策に、
水分と塩分補給。
〈ナトリウム45mg/100ml配合〉

升级要点

放弃『来自炎热泰国的智慧』的文字表述，集中宣传重点

2011年7月

"世界厨房"海盐荔枝果汁 / 麒麟饮料

一系列升级促进销量飞速提升

330万箱

2012年
出货量

产品包装升级后瓶贴上的"SALT AND LITCHI来自炎热泰国的智慧"的文字消失。商品名分成两行，放大的商品名能最先进入消费者视线

2012年6月

2007年麒麟饮料开始销售"世界厨房"系列饮品，2011年7月，该系列中的"海盐荔枝果汁"上市，这款果汁的灵感来自泰国的一款夏季甜点。2011年由于东日本发生大地震，各家公司生产能力有限，所以"为了优先生产矿泉水和茶饮，有可能暂时停售海盐荔枝果汁"（麒麟饮料市场部商品担当主任　铃木荣富）。但是在当年夏天日本全国节电的背景之下，海盐荔枝果汁以其补充盐分和水分、适度缓解中暑症状的功效受到了消费者的青睐。虽然当年这款饮品没有在自动贩卖机上销售，但仍有90万箱的出厂量，成为"世界厨房"系列的头号明星商品。

销售态势良好的海盐荔枝果汁在面世不到一年后的2012年6月大

胆进行包装升级。此次升级的目的在于“让海盐荔枝果汁发展成为世界厨房系列的主力商品。”（铃木富荣主任）他们将这款产品的竞争对手设定为运动型饮料。

新包装首先在饮料瓶正面注明“补充水分”和“清凉感”的产品信息。产品名称大于品牌 Logo，突出的“海盐”二字强调了产品与众不同的特点。前一年就出现在瓶贴下端的“防中暑”的宣传语在 2012 年的包装中更加醒目。

此外新包装还放弃了原包装上“来自炎热泰国的智慧”的文字。为了向消费者展现产品兼顾功能与美味的特点，新包装的设计重点集中在插图上，而将关于产品学习世界各国智慧的详细说明移至包装瓶侧面。

同时，产品口味也得到升级。

在销售旺季夏季来临前升级包装

●诞生后的包装变迁

2011年7月

2011年10月

2012年6月

为了不破坏广受欢迎的海盐口味，新的产品口味“控制甜度，饮品入口后口感更清爽。”（麒麟饮料市场部图子久美子）

为了使产品不再局限于季节性，麒麟饮料还很细致地根据季节变化变换广告宣传语。夏秋之交的9月份在包装上印制了“缓解干燥”的宣传语。这一设计非常成功，经过一系列升级2012年海盐荔枝果汁出厂量是2011年的3.5倍，创下了330万箱的销售纪录。

在产品销售情况良好时升级包装，进一步拓宽销路。把握产品发展的良好态势，进一步强调消费者所关注的要素能够进一步将品牌做大做强

2012年9月

2013年1月

产品每个季节都会进行小规模的包装升级。2012年9月的包装中出现了以前从未有过的“面向干燥季节”的文字。这标志着产品开始进军秋冬季的饮料市场

情况/课题	升级方针	设计要点
在与竞争对手的激烈竞争中寻求大胆变革	保持产品奢华包装的同时，塑造温和亲切的产品形象	在包装瓶上印制长崎县五岛的山茶花照片

丝蓓绮 / 资生堂

时刻倾听消费者声音的角色扮演调查

独特的瓶身形状和极具冲击力的红色使产品一经问世便坐上同类产品的头把交椅

2006年3月 **第一代丝蓓绮问世**

2007年9月 **白瓶丝蓓绮发售** 白瓶为受损发质修护系列

伴随新产品成分变化，包装瓶下方的文字表述也有所变化

2008年3月 **第二代丝蓓绮发售**

2008年7月 **累计出厂量达1亿瓶**

瓶盖处添加了金色线条。为了更好区分各色包装瓶的功效，在品牌名下方注明了“SHINING”“DAMAGE CARE”等字样

2009年3月 **第三代丝蓓绮发售**

2010年3月 **金瓶丝蓓绮**

2011年5月 **累计出厂量达2亿5000万瓶**

包装正面中央添加了水滴图案，瓶身文字表述有所变化

2011年6月 **第四代丝蓓绮发售**

2013年1月 **累计出厂量达2亿7000万瓶**

2013年3月 **第五代丝蓓绮发售**

"从现在开始，请您把自己当作'丝蓓绮'。"

这是负责丝蓓绮包装升级的资生堂国内化妆品事业部护发、护肤、身体保养品牌小组的北原规稚子在消费者参与的小组访谈中对消费者们提出的一项要求。

问卷调查无法倾听真实声音

资生堂公司于2013年3月对旗下护发支柱品牌丝蓓绮进行大规模升级。这是丝蓓绮自2006年面世以来最大规模的一次升级。此次升级中，产品添加了可以修补毛发黑色素的新成分，既符合丝蓓绮追求亮泽黑发的一贯目标，也满足了最近消费者对秀发轻盈感的要求。

产品瓶身没有变化，但是瓶身上印制了大幅山茶花照片，所以产品视觉变化很大。

丝蓓绮自2006年面世以来，伴随产品升级产品包装也进行了三次升级。但这三次升级都仅局限于小范围。包装一直没有大的变动自有其原因。在此前的几次升级中，资生堂都面向消费者做了比较丝蓓绮与其他洗护发品牌的问卷调查。"在这些调查中，丝蓓绮都获得了最高评价。"（北原规稚子）。获得消费者高度评价的产品包装自然没有必要改变，所以转眼间丝蓓绮的包装使用了7年。

丝蓓绮的包装瓶采用了前所未有的红色瓶身和独特的瓶身形状，再加上销售之初资生堂公司就邀请众多女演员出演产品广告，所以产品诞生当年的销量就超预期1.8倍。但是近年来曾风光无限的丝蓓绮面对其他洗护发产品的激烈竞争遭遇了瓶颈期。

2006年3月到2011年5月间的丝蓓绮累计销量达2.5亿瓶，年均销量为5000万瓶。但在2011年6月到2013年1月的一年零八个月间内丝蓓绮的销量急速下降，销量仅为2000万瓶。丝蓓绮走到了必须进行革新升级的阶段。

在此种背景下，产品应该朝哪个方向升级呢？北原所在的开发团队选择的方法是："放弃问卷调查，以小组访谈的方式进行预备调查，倾听消费者的真实想法。"

要了解消费者对丝蓓绮的真正印象，最有效的方式就是将各洗护发品牌拟人化，用角色扮演的方式获取消费者的真实想法。通过观察扮演丝蓓绮的消费者的举止，了解扮演其他洗护发品牌的消费者对丝蓓绮的印象，北原团队意识到丝蓓绮在消费者心中的形象是"虽然很

丝蓓绮最新一次产品包装升级中，资生堂公司为倾听消费者的心声，采用了以小组访谈为主的调查方式

在此之前

问卷调查等让消费者比较丝蓓绮与其他同类产品的定量调查中，丝蓓绮都得到了最高评价

这是产品包装未发生大变动的原因

因此

为了倾听消费者内心的真实想法，本次采用了小组访谈的调查形式

其中最有效的一个环节是

“请把自己当作丝蓓绮”

将包括丝蓓绮在内的各洗护发品牌拟人化，消费者分角色扮演不同品牌，并互相说出对其他品牌的印象

通过此种调查方法得到的消费者眼中丝蓓绮的形象是：

“虽然很完美，但似乎没什么朋友”

变为传递优雅温和印象的设计

完美，但似乎没什么朋友”。

基于这项调查结果，开发团队在设计新的产品包装时决定既要保留丝蓓绮优雅高端的形象，也要塑造温和亲切的产品形象。丝蓓绮的原料取自山茶花精华，所以新包装的瓶身印制了长崎县五岛的山茶花照片，这一全新包装在年轻消费者中的评价高于旧包装。

“浓密”护发精油进一步宣传丝蓓绮

为了进一步提升丝蓓绮的品牌价值，资生堂公司不仅大规模变更产品包装，还积极开发新产品。第一步就是主推以山茶花精华为主要原料的护发精华“美艳油”。

60 毫升、1260 日元（含税）的销售价格可以说是丝蓓绮系列的高端商品，但在资生堂销售官网上 5000 瓶的“美艳油”一经面世便在一个月内销售一空。虽然“美艳油”是限量商品，但其仍在日本知名度最高的化妆品评选网站“COSME”的年度评选中获得 2012 年度最佳商品。随着产品原材料供应逐渐稳定，2013 年 2 月“美艳油”开始正式销售。

知名度很高的点心进驻百货商店的地下商场，或者在商场内开辟新区域让消费者品尝现做点心，这些举措都是为了强化品牌形象，帮助产品成为国民品牌。丝蓓绮新开发的“美艳油”的目的也正是如此。在市场上投放由丝蓓绮品牌象征的山茶花精华制作的新产品，让消费者在体会产品实际效果的同时宣传丝蓓绮的品质形象。

虽然丝蓓绮的品牌历史尚不足 10 年，但它已经成为日本洗护发品牌中知名度最高的品牌之一。今后要使丝蓓绮发展成长期深受消费者喜爱的品牌，资生堂还需不断进行各种尝试。

秘诀

简单的问卷调查难以把握消费者真实心理。所以通过商品拟人化等各种调查方法探寻出消费者对产品的真实评价

丝蓓绮深层修复“美艳油”于2012年正式销售。这款高品质的护发精油取自日本长崎五岛所孕育的山茶花萃炼出的精华成分。限售5000瓶的“美艳油”在不到一周的时间内便销售一空，并且在知名化妆品网站的评选中获奖。资生堂公司决定今后常年销售这款产品，并逐步提高产品功效。右图为丝蓓绮官方网站留言板，消费者的留言反映了产品的品质和功效

情况/课题	升级方针	设计要点
不满足做昙花一现的“话题商品”。目标瞄准长期畅销品	包装频繁升级。但为了避免带给消费者不适感，每次都是小规模升级	频繁升级、扩充系列产品数量，保持产品设计整体感

●Fit's口香糖包装设计的升级历史

2009年3月

2010年2月

深橙色不符合夏季消费者对清爽口味产品的要求，所以将包装整体色调调淡

2010年11月

2011年3月

2012年2月

2013年2月

水果图案放大，线条角度和粗细相配合营造产品设计的整体感

Fit's 口香糖 / 乐天

频繁升级传递不断创新的信号

Fit's 口香糖有“Fit's”“Fit's Link”和“Fit's Magic”三个系列。左图呈现的是 Fit's 口香糖自 2009 年 3 月销售以来的包装升级历程

为了不和“Fit's Magic”系列的“菠萝 & 葡萄味”口香糖颜色雷同，重新调整了颜色

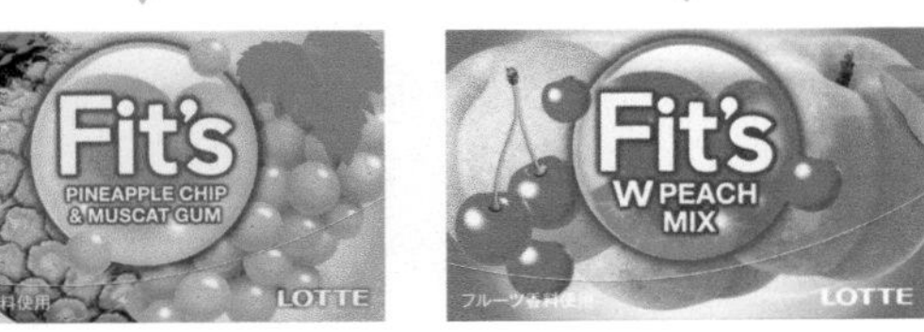

●三个系列产品的统一感

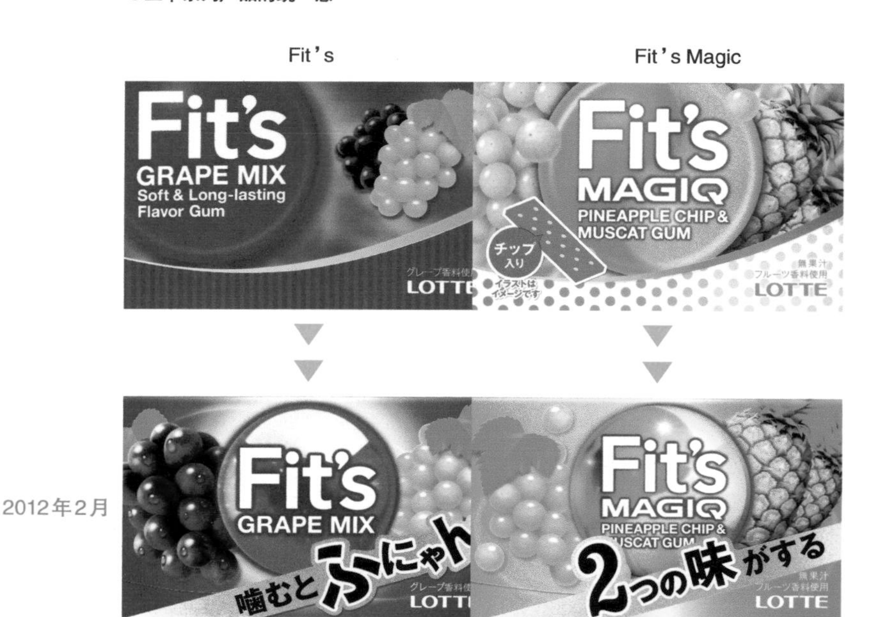

Logo的位置和斜线、印刷都保持一致

“咀嚼瞬间感受贴心柔软”，这句广告词让乐天 Fit's 口香糖被消费者熟知，成为近年来低迷的口香糖市场上的大热商品。

Fit's 口香糖比其他口香糖更柔软，从包装盒中取出后口香糖上的包装纸就会自动掉落。这些特点使 Fit's 口香糖在 2009 年 3 月面世仅三周后销量就突破 2000 万个，这一业绩是销售计划的 3 倍。之后乐天集团又陆续投放 Fit's Link 和 Fit's Magic 等系列口香糖，产品一直拥有高人气。Fit's 口香糖已成为稳固乐天在口香糖市场上头名位置的重要品牌。

Fit's 包装升级的特点就是次数多。观察产品包装升级变迁图就会发现普通的 Fit's 系列产品包括小变动在内每年都会进行包装升级。如果再加上 Fit's Link 系列，有的年份甚至一年之内对产品进行了 4 次设计升级。

乐天集团旗下的产品包装升级都很频繁，但 Fit's 的包装升级尤为频繁。因为 Fit's 的中心顾客群是

Fit's Link

三个系列产品的不同设计稍显混乱

产品发售后，随着系列产品的不断增加各产品间的包装缺乏统一感。所以全新包装为了营造系列产品的统一感，将所有系列的Logo全部移至包装中间

15～30岁的年轻人，产品电视广告中各种流行歌曲和舞蹈使Fit's成为"流行风向标"。

"流行风向标反过来说就是稍稍放松就有可能被时代淘汰。要是有人以评价过去事物的口吻说'这么说来，这个商品以前还流行过呢'的话，那么这个商品也就没有未来了。"（商品开发部品牌担当口香糖企划室负责人宫下慎）

所以产品设计人员从一开始就意识到要频繁进行包装升级。

产品最近的一次升级是2013年3月对Fit's系列的升级。升级主要包括两个方面。一个是放大了水果图案，采用了更华丽的色调。最近薄荷味的口香糖不断增多，所以超市里各种绿色、蓝色和黑色的冷色系包装口香糖非常多。

在主流冷色系中独树一帜

"我们希望用花田一般的明亮色彩点亮超市和卖场，这样顾客在购买口香糖时能够感受到快乐。"（宫下慎）放大水果图案可以让顾客产生置身于水果园中的兴奋和期待。

第二个升级是停售Fit's Magic系列，将其并入常规的Fit's系列。

2011 年 7 月销售的 Fit’s Magic 系列口香糖在咀嚼过程中味道会发生变化，这使其拥有超高人气。

Fit’s Magic 系列虽然很受欢迎，但是由于 Fit’s 的品牌名已经深入消费者心中，所以 Fit’s Magic 的品牌名难以扎根消费者心中。而咀嚼过程中像魔法（Magic）一样味道发生变化的特点完全可以并入常规的 Fit’s 系列中，所以乐天公司判断无需再加上 Magic 这个名字。

在 2013 年的升级中，Fit’s Link 并没有进行升级。Fit’s Link 是以成年男性为目标消费群的薄荷味口香糖。Fit’s 口香糖的发展特点是如果普通的 Fit’s 系列产品不能满足特定消费群的需求就会从 Fit’s 中独立出一个新的品牌，Fit’s Link 系列就是这样诞生的。因为 Fit’s 消费群体中也包括了经常去便利店的 30 岁左右的男性，所以市场规模非常大。如果在这次升级中也对 Fit’s Link 系列进行升级的话，那么去便利店的消费者就会将目光转移到 Fit’s Link 系列，这样一来 Fit’s 系列包装升级就失去了意义，所以乐天公司特意错开了两个系列产品包装升级的时间。

不断保持活力的品牌

自从乐天公司开始生产销售口香糖以来，日本口香糖市场的规模一直不断扩大。自 1997 年“xylitol 口香糖”问世后，口香糖的产品形象变得更加健康，这也帮助口香糖厂商开拓了新市场。但从 2004 年开始口香糖市场规模开始缩小。以往口香糖消费主力的年轻人逐渐不再购买口香糖，所以乐天公司开始了 Fit’s 口香糖的研发工作。

宫下表示：“在市场调查中，我们询问消费者为何不买口香糖了，很多人的回答就是简单的‘不为什么’。所以要想重拾消费者对口香糖的兴趣，我们需要让他们看到一个全新的产品。”Fit’s 团队至今仍时刻保持这种需要时刻创新的危机感。

最近几年 Fit’s 口香糖的升级多集中在 2 月到 3 月间，因为这段时间意味着新的一年开始，是让消费者看见产品新意的最佳时机。

“要想不断保持品牌活力，就必须要让消费者看到我们在不断进步。”（宫下慎）仔细观察你会发现，环绕在 Fit’s 口香糖品牌 Logo 外的圆球也变得像水晶球一样有立体感，这一改变使产品更高端。

宫下表示：“虽然商品的一些小变化粗看不会发现，但是对比最初的产品和最新的产品消费者会发现其中发生的大变化，这就是我们的理想。”

●符合成人审美的Fit's Link系列产品包装

薄荷味的Fit's Link系列产品的主要消费群体是成年男性。所以从他们口袋中取出的商品需要有非常体面的包装。2012年8月包装采用了和以往完全不一样的设计：将品牌Logo印在外层薄膜上，撕掉薄膜后，Logo就会消失，使人看不出这是口香糖

秘诀

频繁进行包装升级，频繁增加系列产品有可能导致产品包装欠缺统一感。所以需要调整商品包装，找回商品包装设计的统一感

情况/课题	升级方针	设计要点
各种新产品的出现使竞争加剧。此种情况下该如何凸显产品自身特点？	将产品名改为“Fru-gra”，强调品牌概念	保留重要的品牌标志和基本设计

Fru-gra/ 卡乐比

改变产品名后销售额提升1.6倍

2009年

2004 年的产品包装升级中确定了椭圆和丝带图案的元素

升级要点

将商品名由“fruits granola”更名为“fru-gra”

2011年

商品名缩短的同时广告词也减至一个，新的包装更简洁

2013年

之前只在800克包装中使用的包装袋封口设计扩大到所有产品

在谷类早餐食品市场，销售额能与玉米片比肩的就是麦片类食品了。这类麦片是谷物和果汁混合而成的谷类食品，卡乐比的“fru-gra”是扩大麦片类产品市场的牵引力。1991 年卡乐比旗下的谷物麦片以“fruits granola”的名字正式面世，2011 年产品更名为“fru-gra”后销售额迅速提升。2012 年销售额达到了 60 亿日元，比 2011 年增加了 160%。

日本过去的谷类食品市场多以玉米片为中心，麦片的存在感非常弱。但是 oisia 公司市场部品牌经理网干弓子回忆道：“从 2007 年～ 2008 年开始，各种自有品牌开始生产销售添加了水果的谷物麦片。”oisia 公司是卡乐比公司为了发展谷类食品于 2004 年成立的子公司。

更名提升了品牌意识

“fruits”（水果）和“granola”（麦片）都是一般名词，所以卡乐比的“fruits granola”和其他也写着“fruits granola”（水果麦片）的产品摆放在货架上就缺少产品辨识度。所以为了突出产品特性，卡乐比公司将“fruits granola”更名为“fru-gra”。

“fruits granola 的名称太长了，不容易读。其实公司内部从很早以前就将这款产品叫作 fru-gra，而且消费者中也有很多人这么叫。”（品牌经理网干弓子）缩短成易读的产品名既可以与其他产品加以区分，也可以让消费者产生亲切感。

更名后最大的收获就是明确了品牌意识。网干经理坦言：“产品叫 fruits granola 时，公司内部对这是个产品名的认知度非常低。”卡乐比于 1988 年首次销售麦片类产品，1991

年销售添加了水果的水果麦片，之后也销售过添加了南瓜或红豆等非水果类食材的麦片产品。所以原先的 fruits granola 与其说是产品名，不如说仅仅是一个显示产品原料的名称。而更名后的 fru-gra 则可以明确表示这款产品是卡乐比旗下的水果麦片品牌。

刚好此时，一本美食图书《体脂肪计 TINITA 的员工食堂》广受欢迎，随后各种类似的美食书籍层出不穷。fru-gra 趁着包装升级之势也出版了美食书。书中介绍了这款麦片的各种食用方法，不仅可以拌牛奶吃，还可以涂在蛋糕上，或者拌酸奶、沙拉吃，甚至还可以作为荞麦面的配品食用。这本美食书籍的出版也向消费者证明“这是一款吃法多样的食品”。(网干品牌经理)彼时“bills”等国外知名早餐厅进驻日本，掀起了一阵早餐热，在此热潮下，fru-gra 的销售额比上一年增加了 60%。

品牌资产不可一日达成

虽然产品名称改变了，但产品包装设计还是一如往昔。作为品牌象征的椭圆和环绕在其外侧的丝带、往碗里倒牛奶的写实照片等都保持不变。品牌 Logo 字体也基本不变。Logo 周围的水果图案也基本和以前一样。所以虽然产品名称变了，但是消费者还是能一眼就认出这是卡乐比公司的水果麦片。

以上设计要素中最重要的品牌资产就是椭圆和丝带。椭圆图案在 1995 年的包装升级中首次登场。卡乐比旗下还有其他谷物产品，如 brown sugar 牌砂糖玉米片，因为它的目标群体是儿童，所以包装上使用了美国漫画《花生漫画》中的卡通形象。而 fruits granola 面向的是成人消费者，所以使用了更稳重的椭圆图案。

2004 年的包装升级中在椭圆外侧添加了一条丝带。卡乐比公司的理念是要珍视大自然的馈赠，所以新添加的这条丝带蕴含了原材料谷物和水果都是大自然对身体的馈赠的意味。经过几十年的发展，fru-gra 终于形成了“适合成人口味、果物满满”的品牌形象和宝贵的品牌资产。

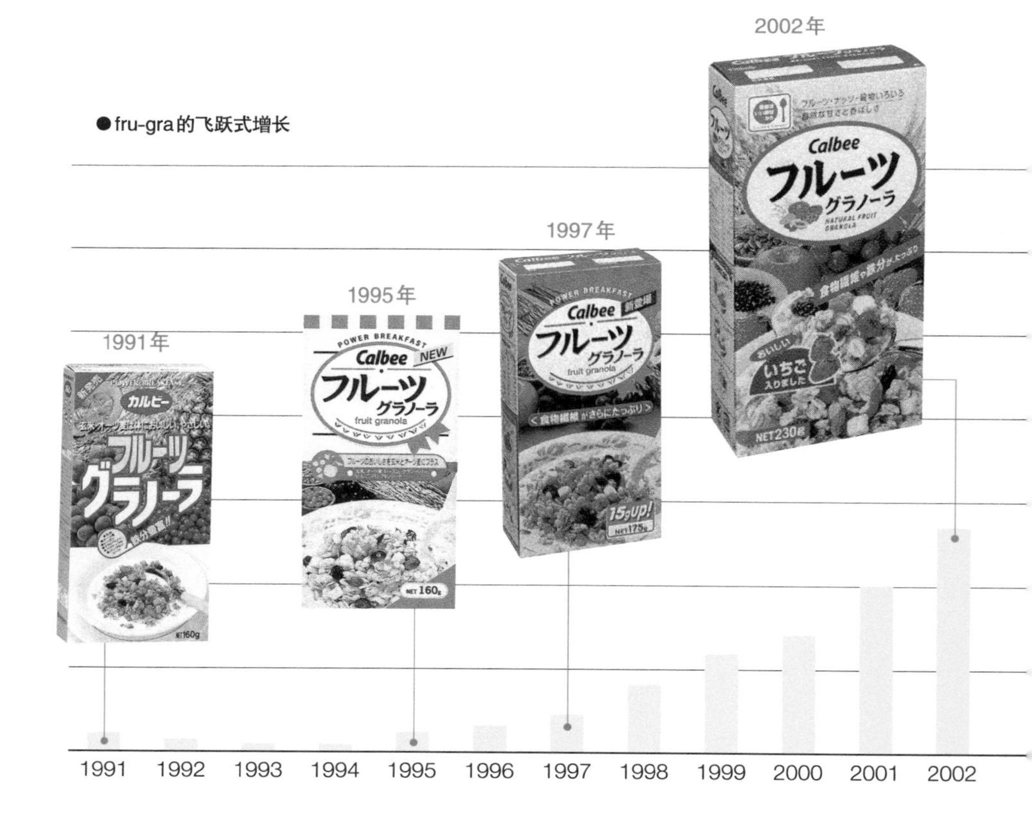

● fru-gra的飞跃式增长

更名是这款产品最大的变化，虽然原来的产品名称已经使用了20多年。不过除了产品名称外，包装上的其他视觉要素都全部保留，所以消费者仍然可以轻松认出这是卡乐比公司的那款水果麦片。通过更改产品名称成功区别于竞争对手的产品，这次升级取得很大成效

2011年

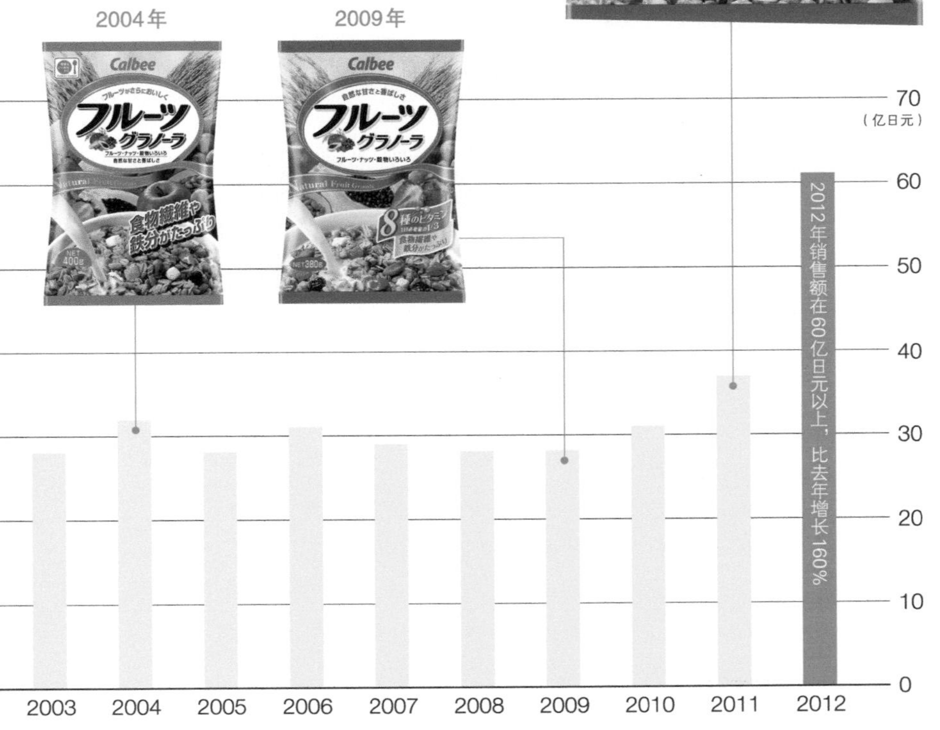

情况/课题	升级方针	设计要点
伴随同系列其他产品的面世需要改变产品设计	用不同颜色代表附赠果酱口味	完美平衡品牌蓝和代表不同口味的配色之间的关系

升级前的Partheno。升级后的Partheno使用了蓝色渐变色背景，正面的“3倍浓缩”的文字更加醒目

旧

新

森永乳业2011年9月起销售的“浓稠希腊酸奶Partheno”深受消费者欢迎。Partheno酸奶采用希腊传统酸奶制作工艺，实现了高于普通酸奶的3倍浓稠。虽然80克189日元的售价甚至高于500克特卖酸奶的价格，但其销量仍高于预期两倍。2012年2月森永乳业将Partheno酸奶的生产能力提高两倍，加快了产品销售速度。

Partheno/ 森永乳业

品牌蓝搭配不同配色

升级要点

统一果酱和包装瓶上方的颜色

森永乳业的“浓稠希腊酸奶　Partheno”一经问世便广受欢迎，所以森永乳业在2012年9月将产品生产量提高两倍。产品销售初期只有“蜂蜜味”一种口味，2013年1月增加了“覆盆子味”和“原味”两种口味。为了配合产品线的增加产品包装进行了若干升级。该款产品仅在首都圈内销售

升级要点

强调“3倍浓缩”的文字

森永乳业的设计开发团队在设计产品包装时最别出心裁的一点就是用蓝色表现酸奶产品的浓稠和高级感。再加上金色线条的使用进一步提升了产品格调。蓝色强调了乳

制品的亲和力、浓稠和香甜。

另一方面蓝色也能使人联想到希腊的碧海蓝天和地中海的清新舒适，所以蓝色代表了高级、浓稠、清爽。

但若只使用一种蓝色会使包装色彩过于单调，所以为了丰富包装色彩，设计人员分别使用了深蓝色、蓝色和天蓝色这三种蓝代表大海到天空的颜色过渡。

近些年酸奶市场上功能性酸奶备受关注。但是Partheno的开发团队却另辟蹊径，为消费者打开了崭新的酸奶世界。除了灵活运用蓝色外，设计人员将酸奶的品牌Logo放在包装中间，两边加上可以让消费者联想到希腊传统建筑中的瓷砖丝带图案，一种古朴、厚重的产品形象由此诞生。

色彩传递美味

Partheno的开发团队没有满足于单个酸奶产品的火爆，他们趁热打铁又开发了系列产品。2013年1月增加了“覆盆子味”和“原味”两种口味产品。最早的Partheno产品则更名为“蜂蜜味”，由此Partheno酸奶发展为三种口味。随着产品种类的增多，包装也随之升级。

这次包装升级的重点还是色彩。瓶身上方的金色和红色分别代表蜂蜜味和覆盆子味两种口味。设计人员进行了多次尝试力图展现蜂蜜味的香甜浓厚和覆盆子的酸甜、果肉感。而原味酸奶为了体现酸奶的乳白色，在原味酸奶包装上增加了白色色块的面积。

森永乳业的力图使Partheno酸奶成为“夜晚独自一人享受的美味”和“饭后的甜点”，所以创造出更多的酸奶新吃法。森永乳业自信地表示：“我们生产的酸奶开创了酸奶新领域，消费者可以尽享浓厚的酸奶口感和美好时光。”

渐变的蓝色树立了高端、清爽的品牌形象。虽然为了配合系列产品的面世进行了包装升级，但是这抹蓝色没有被破坏，相反包装上还增加其他色彩帮助消费者识别产品口味

●更新食谱网站

为了让消费者了解到Partheno不仅是款酸奶产品，还能为日常饮食生活中带来更多乐趣，森永乳业不断更新食谱网站信息，而且还和facebook合作，及时添加新菜单，为消费者源源不断地提供Partheno新的食用方法

情况/课题	升级方针	设计要点
这是只有长期畅销品才会遇到的问题：如何保持产品的新鲜感？	根据产品功能进行分类。对不同产品制定不同的包装升级方针	元老级百奇不进行大的变动。对其他产品频繁升级，以不断提高产品的吸引力

●百奇四类产品

	分　工	升级方针
元老级商品	1966 年起销售的“百奇巧克力饼干”是百奇的品牌象征	虽然更换过广告宣传语，但修长的红色包装盒，包装盒正中的 Logo 设计从未改变
固定商品	销售业绩突出的固定商品。百奇巧克力饼干的补充产品	有的产品几乎每年都会升级。为达到预期目标，经常性的对产品进行细节调整
限定商品	为了保持产品新鲜感，在特定季节、节日推出的商品或者与卡通形象合作的商品	（同上）
新商品	开拓食用百奇的全新场合。市场反应良好的 新产品可以成为百奇的固定商品	（同上）

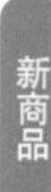

产品分工不同，包装升级方针不同

升级要点

增加包装设计重点心形背景的面积

●从新商品到固定商品

百奇粒粒草莓

1990年　2010年　2011年　2012年

百奇粒粒草莓销售于1990年。2011年将包装背景图案设计为心形，意为“粒粒草莓百奇（爱心满满）”

升级要点

新的设计一眼就能看出商品超细和数量多的特点

百奇（超细）

2006年　2010年　2011年　2012年

2006年销售的百奇（超细）是百奇历史上最细的饼干产品。普通的百奇巧克力饼干每盒是34根装，而百奇（超细）每盒50根装

1966年起销售的江崎格力高"百奇巧克力饼干"是已经畅销半个世纪的人气商品。因为品牌知名度高，所以很多人认为品牌发展肯定顺风顺水，但其实它也有着因为高知名度带来的问题。

这就是如何保持品牌的新鲜感。因为很多消费者从小吃百奇饼干长大，所以他们成人后就会认为这是小孩吃的零食，不适合我。如此一来，即使产品知名度再高也无法形成强大的购买力。

保持不变的包装设计

2010年对百奇巧克力饼干实施的包装升级中，为了吸引更多的成年消费者，品牌Logo的颜色变成了金色。但是红色长方形包装盒、包装盒正面的百奇饼干图案仍然没有变化。

百奇是格力高旗下非常重要的品牌资产，产品包装设计的改变往往伴随着风险。所以此次百奇巧克力饼干的改变非常慎重。另一方面，为了让更多的消费者认为"这款商品适合我"，百奇也开发了数十种不同种类的产品，以瞄准不同客户群体。

现在百奇旗下商品根据不同分工可以划分为"元老级商品""固定商品""新商品"和"限定商品"四种。从包装升级的角度来划分的话就是不改变包装设计的元老级百奇巧克力饼干和其他商品。

固定商品指的是一些新商品投放市场后获得广泛好评，由此成为百奇旗下不可或缺的固定商品。这部分商品是百奇巧克力饼干的补充商品。"百奇粒粒草莓（爱心满满）（以下简称为粒粒草莓）"和"百奇（超细）"就是典型代表。这两个商品包装升级的频率非常高。

粒粒草莓瞄准的是年轻女性消费者。它拥有20年以上的销售历史，可以说是固定商品中的畅销品。2011年为了进一步吸引女性消费者，设计了心形背景图案。在2011年商品升级的第二年包装又再次升级。此次升级目的是为了进一步突出心形背景图案。这就是我们现在看到的粒粒草莓的包装。

百奇（超细）的包装盒正中间是超细超多的百奇巧克力饼干的图案。超细的饼干中巧克力显眼。此外普通版的百奇巧克力饼干每盒34根，而超细版每盒则有50根。

2011年百奇（超细）包装升级

时包装盒上的“百奇史上最细”的广告语宣传效果非常好，所以这句话就此成为百奇（超细）的固定广告词。2012 年的包装升级中在继续保留这句广告词的同时又突出了“50根”的字样。强调产品超细和数量多的文字就像杂志和新闻标题一样在卖场中夺人眼球。进行各种尝试，不断对产品包装进行细微调整就是固定商品的包装升级方针。

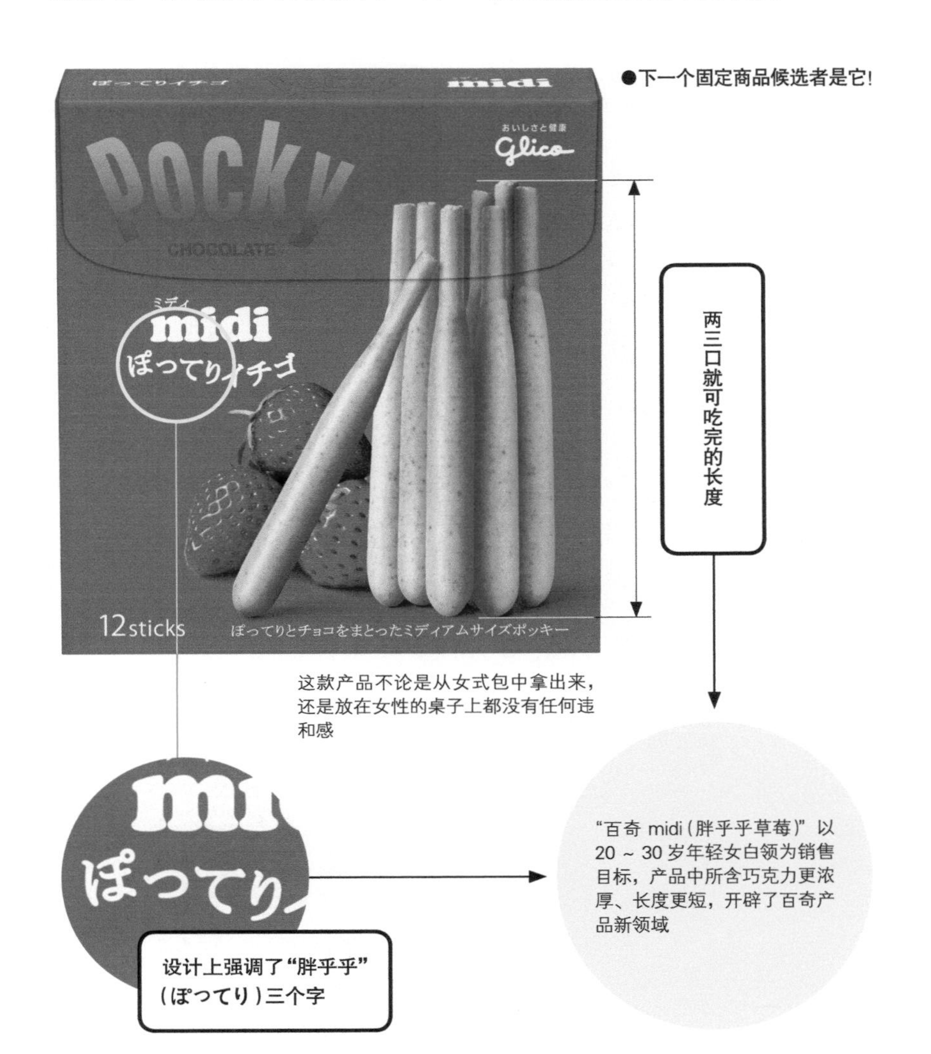

ぽってりイチゴ
midi
おいしさと健康
Glico
POCKY
CHOCOLATE
ミディ
midi
ぽってりイチゴ
12sticks
ぽってりとチョコをまとったミディアムサイズポッキー
●下一个固定商品候选者是它！
两三口就可吃完的长度
这款产品不论是从女式包中拿出来，还是放在女性的桌子上都没有任何违和感
ぽってり
“百奇 midi（胖乎乎草莓）”以 20 ~ 30 岁年轻女白领为销售目标，产品中所含巧克力更浓厚、长度更短，开辟了百奇产品新领域
设计上强调了“胖乎乎”（ぽってり）三个字

新商品则是对元老级商品和固定商品的进一步补充。2013 年 1 月销售的“百奇 midi（胖乎乎草莓）”以 30 岁以下的白领女性为目标。为了满足这个群体希望能够在商品中吃到更多巧克力的愿望，格力高公司在产品中增加了巧克力的分量。

强调“胖乎乎”的设计

“百奇 midi（胖乎乎草莓）”结合 20 ~ 30 岁女性消费群体的特点，在设计包装时下了很大的工夫。不论是将这款商品从包中拿出来还是和化妆品等小物件放在一起时都不会产生违和感，所以这款商品的包装与百奇其他商品相比更高档、更优雅。另一方面包装设计中着重强调的“胖乎乎”（ぽってり）这几个字又体现了产品特征。

这款商品还让消费者能在更多的场合食用。百奇巧克力饼干的长度需要五六口才能吃完，而“百奇 midi（胖乎乎草莓）”只需要两三口就能吃完。之所以缩短商品长度是

百奇巧克力饼干的红色长方形包装盒、位于正中间的 Logo 和产品照片是这款产品包装的基础，几十年间没有变化。但是产品包装若完全一成不变就会降低产品新鲜感。所以百奇的包装在 1998 年和 2004 年都做了简化处理。2011 年为了塑造更符合成

用团体战满足多样化的需求

小林正典 江崎格力高市场总部
市场部巧克力组组长

百奇巧克力饼干的变迁。产品逐渐变成了符合成人审美的包装

1966年

因为开发团队调查发现女性消费者不好意思在外人面前吃百奇饼干。百奇 midi 系列要想成为百奇旗下的固定商品就必须要在今后的包装升级中添加更多的设计元素强调产品"胖乎乎"的外形和长度特点。

"百奇(双重研磨抹茶)"和"百奇牛奶可可(黑熊图案包装)"等限定商品是在不同季节、面向不同地区推出的商品，或者与某个卡通形象合作的话题商品。这些商品在保持百奇品牌新鲜感方面发挥着重要作用。

拥有丰富产品种类，根据产品不同分工设计不同包装，用一个系列的产品满足市场需求。这就是百奇品牌包装升级的精髓。

明确旗下产品的不同分工，严格区分需要保持包装不变的产品和需要频繁更新的产品。需要频繁更新的产品的产品特性要时刻满足消费者需求

人审美的高品质感，品牌 Logo 的颜色变成金色。越是"容易变动的时期"越不改动包装，这是百奇的设计理念。

但是这并不是说永远不变，只是意味着商品无需经常改动。保留基础、整体改进才是百奇品牌的宗旨。百奇希望能够成为"不论童年时期还是现在都想吃的"的品牌。

1974年

1998年

2004年

2010年

情况/课题	升级方针	设计要点
时隔19年重返日本市场。过去的设计资产该如何继承?	灵活运用品牌色彩的同时，着力表现天然洗护发产品的高级质感	继续使用以前包装中的白色、绿色，同时添加了金色。重点瞄准追求纯天然的女性消费群体

左为Timotei洗发水1984年在日本国内首次销售时的包装。Timotei是起源于瑞典的天然洗护发品牌

● Timotei品牌认知度

20~40岁女性中约半数还记得Timotei的名字

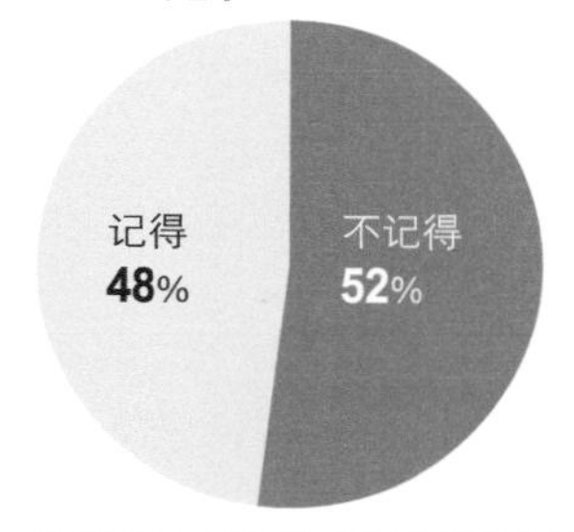

2011年上半年/日本联合利华公司调查

纯天然产品愈发受到追捧的洗护发产品市场中曾经拥有超高人气的产品回归了。1984年到1994年间Timotei洗护发产品曾在日本销售。当时该款产品电视广告中外国女性洗头的镜头风靡全国，产品获得很高的知名度。这则广告甚至在日本掀起了晨起洗头的热潮。Timotei以其温和有效的清洁能力迅速获得消费者信赖，在洗护发产品市场坐上了头把交椅。但在泡沫经济时期Timotei被卷入低价竞争中，为了避免品牌价值的进一步下降联合利华于1994年结束了Timotei的销售。

时隔19年之后Timotei再次卷土重来、回归日本市场。这次Timotei在包装设计上进行了哪些升级呢? Timotei的新包装在继承品牌资产的同时又融合了新时期的新价值。我们首先从色彩设计方面进行介绍。

Timotei 洗发水 / 联合利华

19年后用金色重返日本市场

左图是Timotei纯净洗发水。右图是Timotei纯净护发素

升级要点

洗发水的泵头为金色和绿色，护发素泵头则是纯金色。金色可以呈现出纯天然护发品牌的高品质

升级要点

ティモテ
オーガニック
認証成分※配合
ノンシリコーン
無添加 パラベン·合成着色料
うるおい守って洗う きめ細かく豊かな泡

商品陈列在货架上时最先映入消费者眼帘的就是瓶身的贴签，Timotei 的贴签由金色线条环绕。金色暗含了商品“配合天然有机成分”的特点

升级要点

金色线条和金色图案将消费者的视线从贴签转移到瓶身中间的文字上

利用高知名度打开新市场

2011 年纯天然洗护发产品的市值规模达到了 250 亿日元。但联合利华旗下却没有一款产品能在这个发展潜力巨大的市场中分一杯羹。为了进军纯天然洗护发产品的新领域，联合利华对旗下各种洗护发产品进行比较分析后决定选择配合了 7 种草本精华的 Timotei 进军纯天然洗护发领域。

根据联合利华公司对消费者的调查显示，20 ~ 40 岁的女性中约有半数知道 Timotei 这个品牌。可见 Timotei 虽然已退出市场多年但仍保持较高的知名度。2013 年 4 月联合利华正式销售 Timotei 前曾在 2 月发布了重新推出 Timotei 的消息，这则消息在网络引起了巨大反响，很多消费者前来咨询，甚至有性急的顾客提前预购。所以从商品销售前的巨大反响就可以看出品牌价值之高。

Timotei 虽然在十几年前退出了日本市场，但它一直活跃在全球市场上。如今其销售范围已遍及 18 个国家。这次重返日本市场的 Timotei 是在日本重新研发的全新产品。全新产品当然需要全新包装。过去的品牌资产和现在全球化的品牌资产，哪些需要继承，哪些需要改变，这些都是设计新产品包装时需要重点考虑的问题。

最终新产品的包装继续使用过去包装中的绿色和白色这两大品牌色彩。洗发水的泵头使用了绿色，洗发水和护发素的瓶身使用白色。而品牌 Logo 和“Timotei”的商品名则全球统一。

金色的商品贴签

金色是新添加的设计要素。Timotei 的目标消费群体是女性，特别是逐渐发现自身喜好和追求的 25 ~ 30 岁的女性。Timotei 的品牌理念就是追求简单和品位。新的包装中用金色表现商品的纯天然和高品位。

设计团队在金色的使用上颇下了一番功夫。商品的瓶盖和贴在瓶身上的贴签是商品最先引起顾客注意的部分，所以设计人员在这两个消费者最先注意到的部分使用了金色元素，贴签上还印制有“配合有机成分”的字样，更能吸引消费者眼球。

和贴签互为一体，继续吸引消费者视线的则是瓶身上的金色线条。被贴签吸引的消费者的视线将被进一步吸引到有机原料的插图上。接着是金色的绿茶和牛油果图案，以及瓶身中央的“打造润滑、健康秀发”的字样，这些设计元素都完美诠释了商品特征。设计中使用到的金色并不是耀眼的金色，为了表现商品的纯天然、高品质，设计人员非常注意瓶身插图的大小和线条的粗细。

金色插图周围的草本图案则巧妙的使用了绿色。产品正式销售前，设计人员为了更好的展现产品的细腻感，将原本透明色的草本图案换成了绿色。作出这个调整的原因是消费者很难注意到透明色的图案，并且通过调查发现，普通消费者认为有颜色的图案感觉“更温和”“似乎能闻到芳香”“更女性化”。所以经过多次尝试，设计者终于选定了现在的带有淡蓝的绿色，既有透明感又彰显了产品的细腻感。

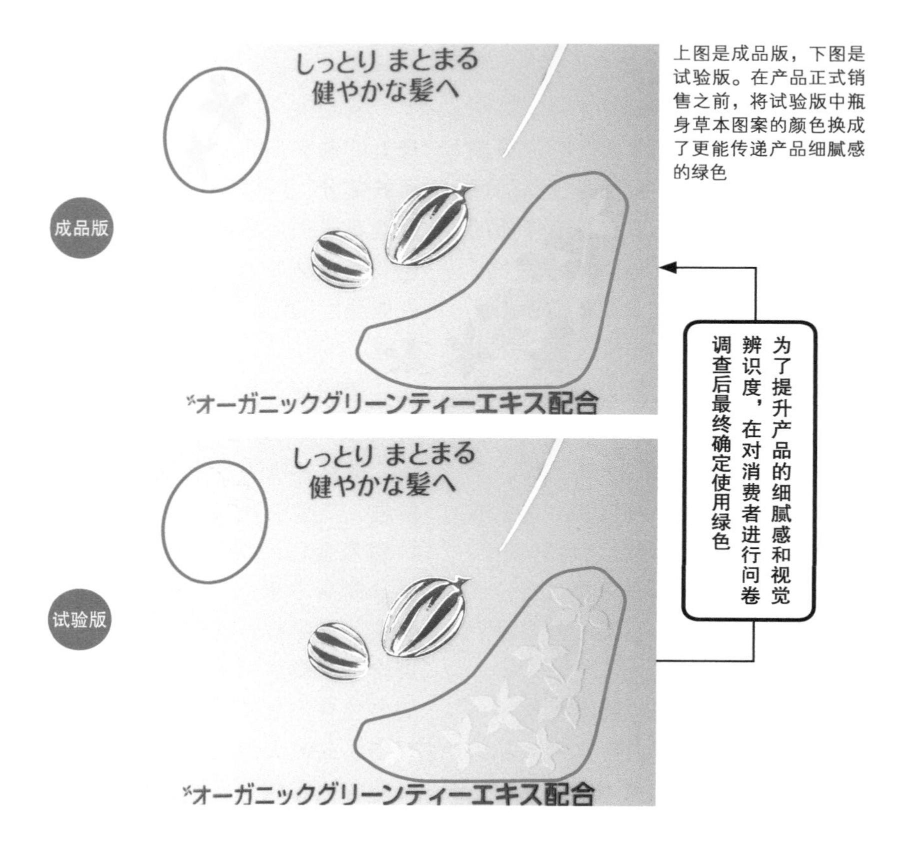

上图是成品版，下图是试验版。在产品正式销售之前，将试验版中瓶身草本图案的颜色换成了更能传递产品细腻感的绿色

设计人员在商品包装的试验阶段时设想了消费者购买产品时的场景，甚至在货架上摆上类似产品来模拟消费者的视角。最终设计人员决定根据“在卖场中是否显眼?”“是否传达了商品理念?”“是否有辨识度?”这三点设计产品包装。

负责商品开发的日本联合利华公司的市场、品牌发展、区域拓展经理、护发品牌助理商务拓展经理桑原由季子表示:“天然、熟龄这些词现在特别流行，越来越多的消费者开始根据自己的需求选择商品，购买预算也不断增加。”

1984 年 Timotei 首次在日本销售时通过电视广告提升了知名度。但这次重返日本市场 Timotei 却没有拍摄电视广告。因为 Timotei 这个品牌已经完全渗透至日本市场，无需再次通过电视广告提升知名度，而加深消费者对纯天然洗护发产品的品质和特征的理解才是最重要的。因此此次联合利华使用了派发商品宣传册的宣传方式。

在分发给媒体工作人员的“Timotei 物语”中详细介绍了产品特点以及第三方意见

摆在店铺内发给消费者的小册子。主画面是能让消费者联想到旧时产品电视广告的外国女模特

在发给媒体工作人员的“Timotei 物语”中，不仅有商品的详细介绍，还通过第三方的声音和数据证明产品的高品质。而面向消费者的册子则摆在店铺中，里面附有商品的详细说明。宣传册的封面和海报上印制了外国女模特照片，因为女模特可以让消费者回忆起旧时 Timotei 的电视广告，这也是对品牌固有资产的有效利用。

在进驻新领域时，利用品牌既有的资产，控制成本和风险。明确区分可继续使用的元素和应该根据时代特点更新升级的元素

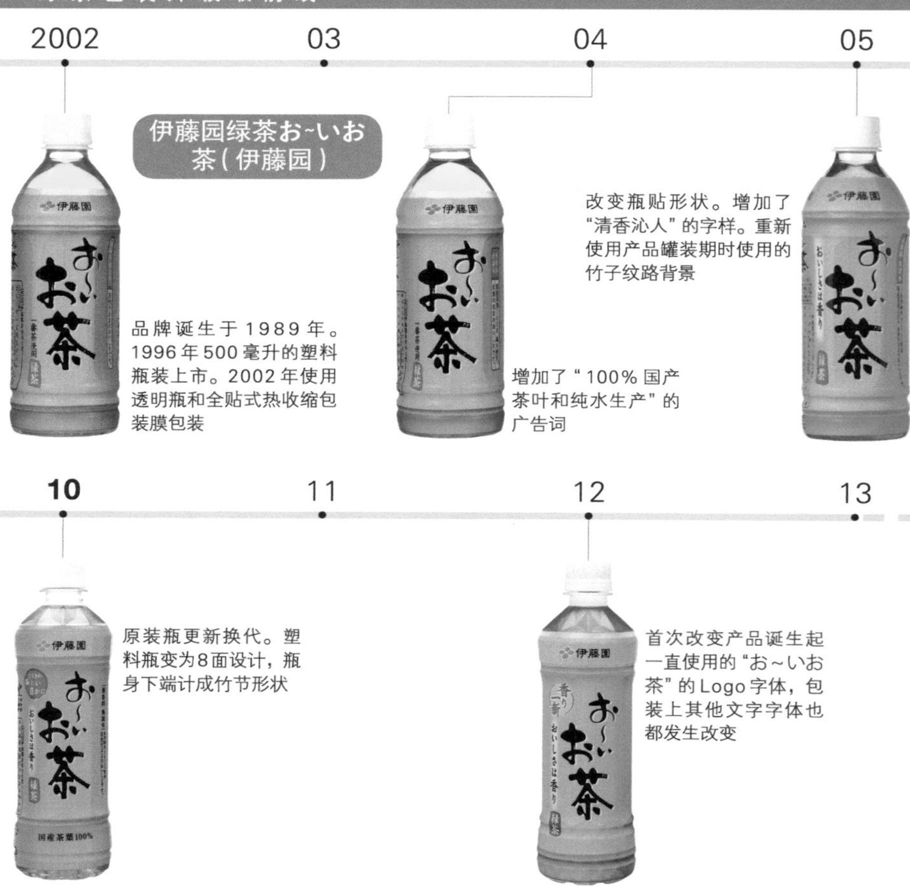
2002
03
04
05
伊藤园绿茶お~いお茶（伊藤园）
品牌诞生于1989年。1996年500毫升的塑料瓶装上市。2002年使用透明瓶和全贴式热收缩包装膜包装
增加了“100%国产茶叶和纯水生产”的广告词
改变瓶贴形状。增加了“清香沁人”的字样。重新使用产品罐装期时使用的竹子纹路背景
10
11
12
13
原装瓶更新换代。塑料瓶变为8面设计，瓶身下端计成竹节形状
首次改变产品诞生起一直使用的“お~いお茶”的Logo字体，包装上其他文字字体也都发生改变

围绕绿茶特点和产品个性的销售大战

绿茶饮料一直是各家饮料公司的生产销售重点。要想让旗下的绿茶饮料在便利店或自动售货机上的众多产品中脱颖而出就需要各家公司的智慧了。绿茶饮料市场的竞争非常激烈，所以几乎所有绿茶饮料品牌每年都会进行包装升级。

各家公司为了宣传旗下产品独特的绿茶香气和口感，每年都会根据改良后的新口味更新包装。所以接下来让我们看看主要绿茶饮料品牌的包装升级历史。

右表为绿茶饮料的产量。1992年时绿茶饮料的产量还很低，90年代后期开始产量逐渐增多，原因之

06 07 08 09

首次使用原装瓶

增加了“浓郁香气”的字样

累计销售达150亿瓶（按500毫升塑料瓶计算）

一就是20世纪90年代瓶装绿茶饮料的先驱品牌“伊藤园绿茶”（お~いお茶）诞生。

2000年随着麒麟饮料旗下的“生茶”上市，绿茶饮料市场呈现井喷式增长。“生茶”率先在包装上使用了全贴式热收缩包装膜，在商品名和品牌形象上占得先机。原本只有包装瓶上部贴了瓶贴的伊藤园绿茶也在2002年的升级中使用了全贴式热收缩包装膜，此后全贴式热收缩包装膜就成为绿茶饮料的固定包装。

2004年三得利旗下的“伊右卫门”上市后绿茶饮料市场竞争逐渐

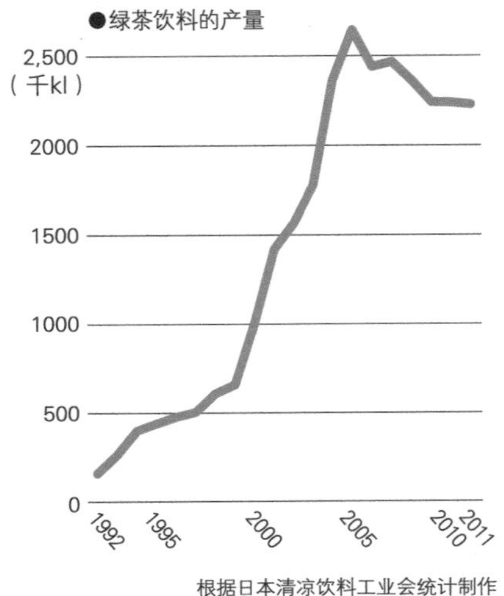

根据日本清凉饮料工业会统计制作

绿茶包装升级最前线

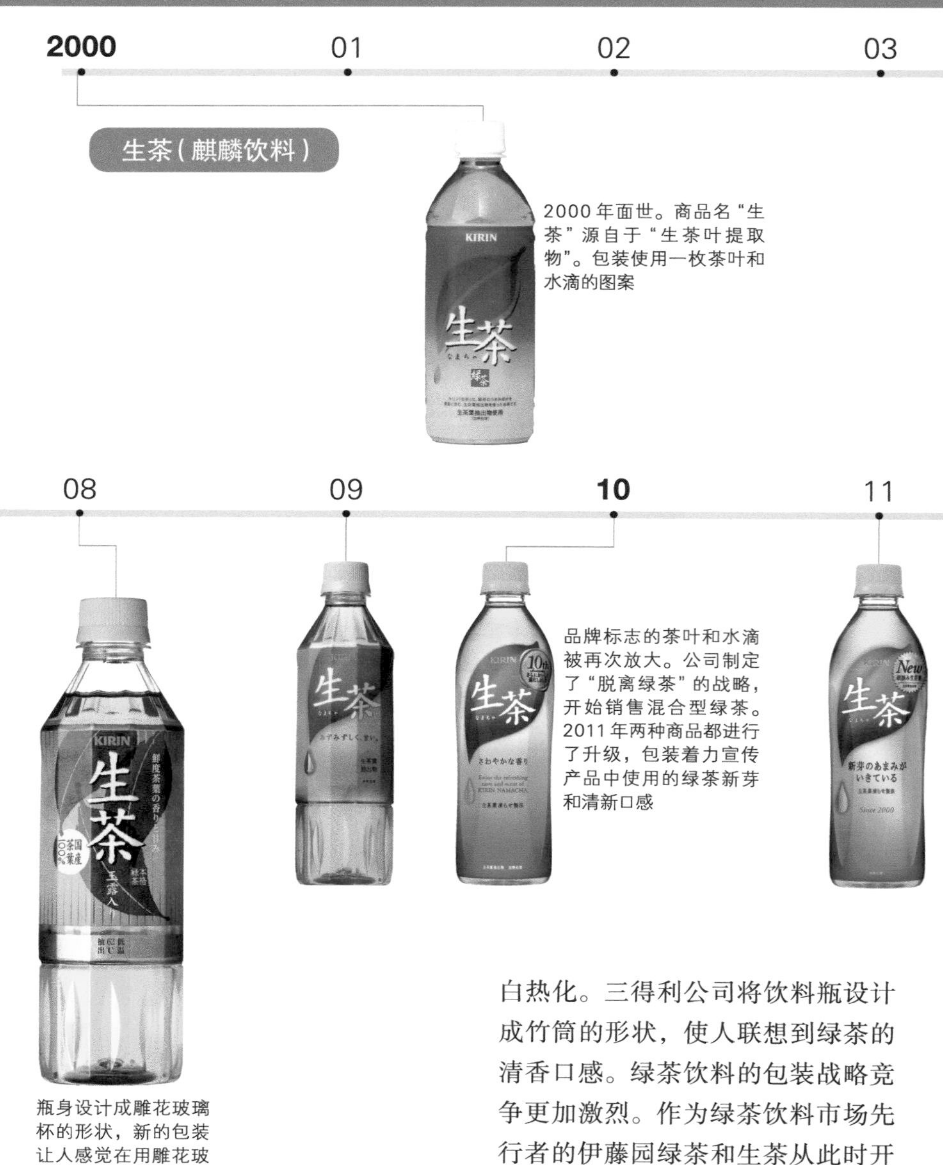
2000
01
02
03
生茶（麒麟饮料）
2000年面世。商品名“生茶”源自于“生茶叶提取物”。包装使用一枚茶叶和水滴的图案
08
09
10
11
品牌标志的茶叶和水滴被再次放大。公司制定了“脱离绿茶”的战略，开始销售混合型绿茶。2011年两种商品都进行了升级，包装着力宣传产品中使用的绿茶新芽和清新口感
瓶身设计成雕花玻璃杯的形状，新的包装让人感觉在用雕花玻璃杯喝绿茶

白热化。三得利公司将饮料瓶设计成竹筒的形状，使人联想到绿茶的清香口感。绿茶饮料的包装战略竞争更加激烈。作为绿茶饮料市场先行者的伊藤园绿茶和生茶从此时开始几乎每年都会进行包装升级。

2006年绿茶饮料市场出现变化。一部分绿茶饮料消费者开始流

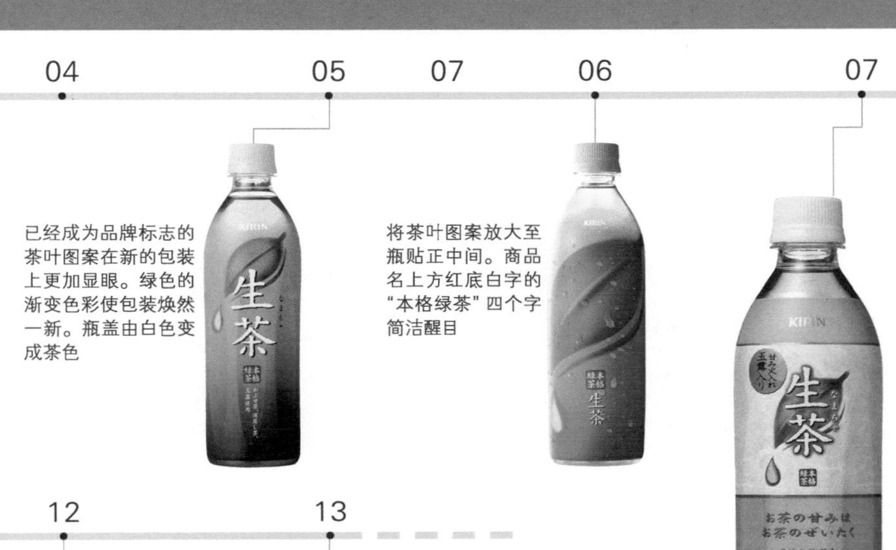

已经成为品牌标志的茶叶图案在新的包装上更加显眼。绿色的渐变色彩使包装焕然一新。瓶盖由白色变成茶色

将茶叶图案放大至瓶贴正中间。商品名上方红底白字的“本格绿茶”四个字简洁醒目

将40～50岁的男性划定为重要客户群，为配合这个年龄层的审美特点，设计了具有浓厚和风气息的瓶贴，包装更高级。饮料瓶侧面凹凸有致，便于携带

增加了“清新香气、浓郁香甜”的广告词，除此之外，包装瓶再次设计成雕花玻璃杯的形状。瓶贴上端的冰块图案强调了商品的清凉感

公司调查结果显示，消费者饮用绿茶饮料时最关注的是绿茶的口感，所以麒麟公司在配方中使用了深蒸茶。品牌标志茶叶图案变成了新芽的写实照片

向矿泉水和混合型茶饮领域，绿茶饮料发展出现停滞。但是2007年进入日本绿茶市场的日本可口可乐公司的“绫鹰”和JT（日本香烟产业株式会社）的“辻利”后来居上，着力突出绿茶饮料的品质和口味。这两个品牌包装的显著特点是使用了茶壶图案和宇治抹茶写实照片。特别是辻利绿茶使用了大面积的白色背景，使其在众多绿茶饮料品牌中脱颖而出，包装上的图案提高了品牌辨识度，产品关注度不断上升。对于绿茶饮料品牌来说包装升级即意味着产品形象的更新，同时也是提高自身品牌辨识度的不断尝试。

2004　05　06　07　08

伊右卫门（三得利食品国际公司）

由三得利公司和京都老字号福寿园联合开发的新产品，于2004年正式销售。其包装的最大特征是竹筒形状的塑料瓶。通过加宽瓶身底部，使瓶身更有线条感。瓶身底端模仿竹节设计而成

伊右卫门丰富的系列商品

伊右卫门旗下除了大热的绿茶外，还有冷茶、焙茶、玄米茶、浓茶等各类商品。但所有茶类商品的Logo都是圆圈+“茶”字

绿茶以外的茶类饮品的频繁升级

2013年2月

2013年3月

1996年销售的“十六茶”（朝日饮料·左图）和1981年销售的乌龙茶（三得利·右图）

包装的频繁升级不仅见于绿茶饮料，各种混合型茶和乌龙茶也热衷于升级包装。朝日饮料的“十六茶”包装上要表现出16种茶叶的设计理念虽然没有变化，但茶叶的大小、位置发生了改变，并且还添加了代表清水的线条。三得利乌龙茶的包装升级中突出了加量的特点，放大了瓶贴上商品名的黑色长条背景。两个品牌都通过升级瓶贴保持产品的新鲜感。

09　　　　10　　　　11　　　　12

添加了“100%国产茶叶”和“多重口感”的广告词。将公司名移到了瓶贴下端，放大产品名

保留认知度很高的竹筒元素。增加了金底绿字的“添加抹茶”的字样。放大圆圈+“茶”字的品牌Logo，“茶”字换成了手写体，体现茶叶老店的正宗和产品特征。瓶盖变成了金色

各家绿茶饮料的关键性标志图案是这个！

从主要绿茶饮料的包装上选取了各家的标志图案

お～いお茶

生茶

伊右衛門

綾鷹

辻利

每款产品都用插图、Logo或照片表现产品的材料和成分。“伊藤园绿茶”（お~いお茶）将书法家的书法作品直接作为品牌Logo。“生茶”在销售最初用一枚茶叶作为产品标志，但在2013年改成了数枚茶叶新芽。“伊右卫门”在2012年改变了“茶”字的字体。“绫鹰”包装上的茶壶似乎还散发着茶香。“辻利”仅用一张抹茶照片就完美呈现了产品的高品质。

2007　　08　　09

绫鹰（日本可口可乐）

由日本可口可乐公司和京都宇治茶叶老店上林春松本店合作开发的新产品。2007年正式面世。该款产品是以30～50岁的男性为主要顾客群体，将包装瓶设计成了雕花玻璃杯的形状。425毫升的塑料包装瓶极具线条感和现代感

继续沿用雕花设计的同时，扩大了瓶贴的面积，瓶贴上下端都使用了金色。包装容量增加到了500毫升

2007　　08　　09

辻利（日本香烟产业株式会社 JT）

由日本香烟产业株式会社和京都宇治老店“茶店辻利第一总店”合作开发的产品，2007年问世。包装以竹子为主要设计元素，主要特点在于其逼真的竹子质感。商品的主要销售目标群体是20～30岁的职业女性

瓶贴焕然一新。银色金属风的背景和古典的京都竹林图案，将现代和传统完美结合

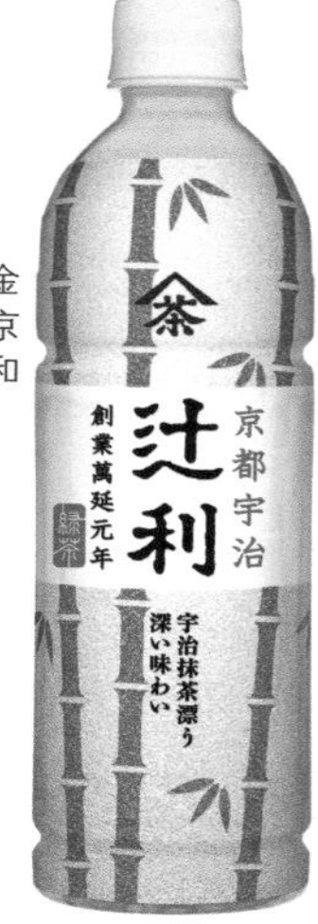

10　　　　11　　　　12

瓶贴设计焕然一新。增加了“如同茶壶冲泡出的香味”的广告词，进一步强调产品特点。瓶贴正面印制了茶壶图案

2011年停止使用雕花玻璃杯的瓶身。瓶贴以和纸为背景图案。2012年将瓶贴面积扩大到包装瓶肩部，重新设计了绿色渐变线条。茶壶图案比2010年时更加醒目

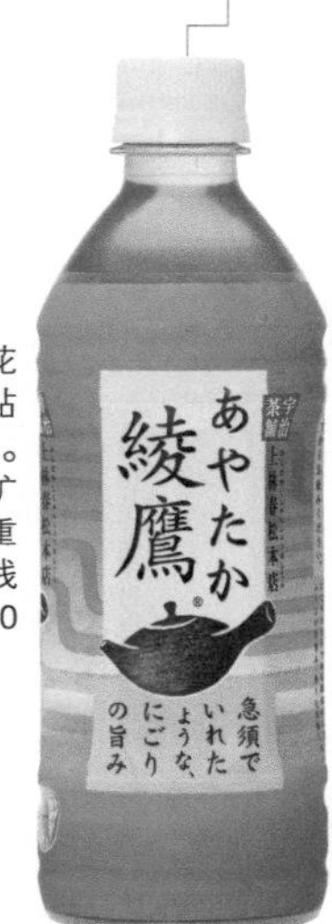

10　　　　11　　　　12

银色金属风背景不变，竹林图案变成了京都群山和神殿的屋顶图案。完美呈现和风现代混搭感

过去产品中绿色的“茶”字变成黑色，并且放大到瓶贴中间。宇治抹茶的写实照片体现了商品的品质感。在众多的绿茶饮料品牌中只有辻利的包装使用了白色背景

版权声明